ANDRÉ-THOMAS = A. DURUPT

LOCALISATIONS

CÉRÉBELLEUSES

TRAVAIL DU LABORATOIRE

DE M. LE PROFESSEUR DEJERINE

HOSPICE DE LA SALPÊTRIÈRE

92 FIGURES DANS LE TEXTE

PARIS

VIGOT FRÈRES, ÉDITEURS

23, PLACE DE L'ÉCOLE-DE-MÉDECINE

1914

LOCALISATIONS

CÉRÉBELLEUSES

ANDRÉ-THOMAS = A. DURUPT

LOCALISATIONS CÉRÉBELLEUSES

TRAVAIL DU LABORATOIRE
DE M. LE PROFESSEUR DEJERINE
HOSPICE DE LA SALPÊTRIÈRE

92 FIGURES DANS LE TEXTE

PARIS
VIGOT FRÈRES, ÉDITEURS
23, PLACE DE L'ÉCOLE-DE-MÉDECINE
1914

INTRODUCTION

Dans une communication faite à la Société de Neurologie le 10 juillet 1913, nous avons exposé les résultats que nous avons obtenus en réséquant des fragments de l'écorce sur le lobe latéral du cervelet, chez le chien et le singe ; au cours de la même séance, nous avons pu faire la démonstration des troubles qui avaient plus particulièrement frappé notre attention. Plus récemment (6 novembre 1913) nous avons apporté à la même société les vérifications anatomiques faites sur quelques-uns de ces animaux sacrifiés plusieurs mois après l'opération. Les notes qui ont paru dans les bulletins de la Société de Neurologie ne sont qu'un résumé très succinct de ces expériences ; le présent mémoire a pour but de mettre en lumière des détails qui ne trouvaient pas leur place dans un espace aussi restreint et d'attirer l'attention sur une question qui a suscité récemment de nombreuses recherches, et à l'étude de laquelle notre expérience personnelle avait déjà apporté une modeste contribution : celle *des localisations cérébelleuses.*

Nous avions déjà eu, en effet, l'occasion de présenter à la Société de Neurologie (1912) les résultats d'expériences qui sont favorables à cette manière de voir et nous avions montré les coupes sériées de deux cervelets de singe, chez lesquels des destructions cérébelleuses avaient eu pour conséquence des troubles, en particulier de la dysmétrie, assez nettement localisés.

L'hypothèse de localisations fonctionnelles dans le cervelet n'est pas absolument nouvelle : Nothnagel (1876) avait déjà admis que le vermis et les hémisphères ont des fonctions distinctes, et la plupart des physiologistes ont remarqué que les effets de la destruction du vermis ne sont pas les mêmes que ceux de la destruction des hémisphères.

Les effets des lésions cérébelleuses diffèrent sans doute suivant que la destruction a porté sur le vermis ou sur les hémisphères, suivant qu'elle est restée limitée au manteau cérébelleux ou qu'elle s'étend aux noyaux gris centraux, si bien que l'un de nous a proposé de considérer deux organes dans le cervelet : l'écorce et les noyaux gris centraux. D'ailleurs les relations anatomiques du vermis avec les noyaux gris centraux et les centres paracérébelleux ou même les centres plus éloignés (la moelle et le cerveau) ne sont pas les mêmes que celles du lobe latéral ; l'un de nous a déjà insisté sur ces différences dans sa thèse (1897), et dans une étude plus récente il a rappelé qu'en ne se basant que sur les données contemporaines de l'anatomie comparée, — les travaux poursuivis par Bolk et Edinger dans ce domaine sont particulièrement suggestifs — l'anatomie normale et l'anatomie pathologique, on est amené à envisager le vermis et les lobes latéraux comme des régions fonctionnellement différentes.

Guidés par les expériences de Flourens, qui avait mis surtout en relief les troubles de coordination et d'équilibration, les physiologistes se sont tout d'abord proposé d'étudier les perturbations globales qui suivent les destructions d'une grande partie du cervelet (cervelet total, vermis, lobe cérébelleux). Comparés aux symptômes que produisent d'aussi vastes destructions, ceux que laisse une résection partielle de l'écorce devaient passer inaperçus pour des yeux préparés à l'observation de troubles plus grossiers qui s'imposent en quelque sorte d'emblée, sans solliciter aucun effort d'investigation.

L'absence ou la simple ébauche des gros troubles d'équilibration que l'on considérait comme pathognomoniques des lésions cérébelleuses, ou tout au moins leur durée très éphémère, eurent pour effet d'écourter des observations qu'une attention moins endoctrinée eût rendues sans doute plus fructueuses.

Aujourd'hui nous possédons sur la symptomatologie des destructions partielles et sur les localisations cérébelleuses des données plus précises, dont nous sommes redevables d'une part aux recherches anatomiques de

Bolk et de Edinger, d'autre part aux expériences de Adamkiewicz, Van Rynberk, Marassini, Vincenzoni, Hulshoff Pol, Rothmann, etc.

Il paraît établi que les membres supérieurs et inférieurs ont des centres de représentation spéciaux dans la corticalité de l'hémisphère cérébelleux du même côté ; la tête, le cou et le tronc auraient également des centres différenciés dans le vermis.

Les observations qui figurent dans ce travail apportent un appui sérieux à cette manière de voir ; elles nous semblent également fournir quelques données nouvelles sur la physiologie du cervelet.

LOCALISATIONS CÉRÉBELLEUSES

PREMIÈRE PARTIE

HISTORIQUE ET GÉNÉRALITÉS

CHAPITRE PREMIER

ANATOMIE ET MORPHOLOGIE COMPARÉES

Avant d'exposer les principaux résultats de nos expériences, il nous paraît indispensable de résumer aussi succinctement que possible l'état actuel de nos connaissances sur l'anatomie et la physiologie du cervelet, tout au moins de celles qui nous sont nécessaires pour mieux comprendre quelles sont, dans le cervelet de l'animal et dans le cervelet de l'homme, les parties qui se correspondent exactement et par la suite pour mieux appliquer à la pathologie humaine les données de la physiologie expérimentale.

Avant que l'on ne s'occupe des localisations cérébelleuses, il n'était guère question de repérer exactement sur le cervelet des animaux sacrifiés plus ou moins longtemps après les expériences, les limites précises des lésions en étendue et en profondeur, et on ne pensait pas davantage à se représenter l'équivalence des parties détruites sur le cervelet de l'homme, ou même d'autres mammifères; en tout cas cette évaluation était très approximative.

Actuellement, elle devient une nécessité : pour établir que telle partie du corps est représentée dans telle ou telle région de l'écorce cérébelleuse, on ne peut se passer d'un examen anatomique minutieux qui permette d'apprécier l'importance et l'étendue des lésions.

C'est parce que la destruction de telle zone a produit invariablement les mêmes phénomènes localisés dans la même partie du corps et chez le même animal, qu'on peut en conclure que cette zone est un centre fonctionnel pour cette partie. Les physiologistes n'opèrent pas tous sur le même animal, et d'autre part l'écorce cérébelleuse présente une morphologie très variable suivant les animaux (Bolk, Elliot Smith, Bradley) : elle change d'une classe à l'autre non pas du tout au tout, mais avec une élection pour certains lobes, et ces fluctuations de forme paraissent tout d'abord obéir à une pure bizarrerie d'évolution phylogénétique, tandis qu'en réalité elles sont très vraisemblablement commandées par des adaptations physiologiques particulières : c'est un point sur lequel nous aurons l'occasion de revenir. Quoi qu'il en soit, il importe de savoir si le même symptôme, avec une même localisation, produit chez deux espèces assez éloignées relève de lésions non pas identiques, puisque le cervelet n'a pas le même aspect chez les deux animaux en question, mais de lésions situées dans des zones qui se correspondent, c'est-à-dire que l'embryologie aurait permis de supposer de même provenance et adaptées aux mêmes fins. De même faudrait-il procéder pour rapprocher les données de la physiologie expérimentale et de la clinique ; mais, on le verra plus loin, il est difficile d'identifier certains lobes du cervelet de l'homme avec ceux de l'animal.

I° NOMENCLATURE DU CERVELET D'APRÈS BOLK

Le cervelet de l'homme est celui qui a été le plus souvent et le mieux étudié ; il est le mieux connu, et c'est pourquoi sans doute il a été pris comme type, qui à servi ensuite aux descriptions du cervelet des animaux. On a ainsi appliqué au cervelet de l'animal la nomenclature du cervelet humain, sans examiner avec une assez grande prudence si certaines analogies d'aspect répondent à des équivalences réelles ; il en est résulté parfois des rapprochements fantaisistes et par suite des confusions regrettables.

Bolk, Elliot Smith, Ch. Bradley, qui ont étudié avec tant de soin la morphologie du cervelet, ont fait la critique de cette méthode et ont fait ressortir combien sa base était fragile ; car. d'après Bolk, la nomenclature des lobes du cervelet de l'homme, telle qu'on la trouve dans les classiques, est loin d'être rationnelle, elle est purement morphologique et ne s'inspire pas assez des données fournies par l'embryologie. Si tous les cervelets des mammifères paraissent construits d'après un même type, le cervelet de l'homme est peut-être celui qui s'en éloigne le plus, par conséquent le moins propre à servir de terme de comparaison.

La nomenclature du cervelet ne doit donc pas être établie sur le cervelet de l'homme pris comme type ; il faut à la fois tenir compte des données fournies par l'embryologie et par l'anatomie comparée. C'est de cette méthode, déjà préconisée par Schwalbe, que s'est inspiré Bolk pour fixer l'homologie des lobes du cervelet de l'homme et de l'animal.

Il nous est impossible de suivre cet auteur dans toutes les recherches qu'il a entreprises sur un nombre considérable de cervelets, appartenant à peu près à tous les groupes de mammi-

fères ; nous nous contentons de reproduire, presque textuellement
sur beaucoup de points, la conception qu'il s'est faite et les
déductions qu'il en a tirées au point de vue anatomique et physiologique. Bolk rejette l'opinion classique d'après laquelle le

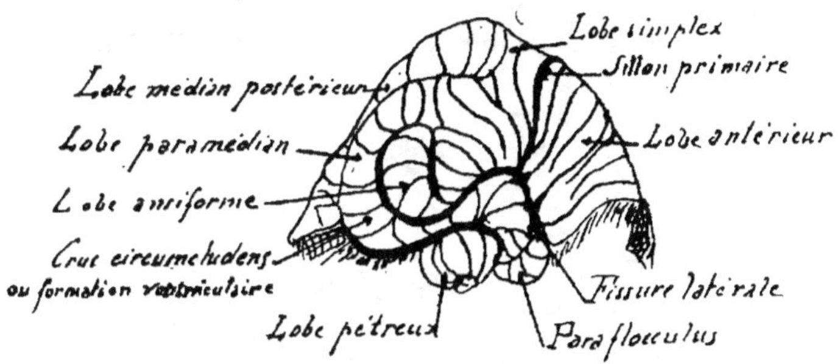

FIG. 1. — Cervelet du Lemur albifrons (Face latérale), d'après Bolk.

cervelet est divisé en *lobe médian* ou *vermis* et en *hémisphères
cérébelleux* ou *lobes latéraux*. Le cervelet des mammifères peut

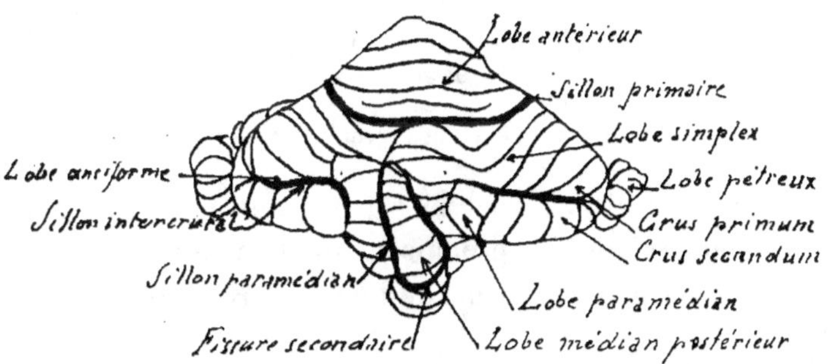

FIG. 2. — Cervelet du Lemur albifrons (Face postérieure), d'après Bolk.

être ramené à deux lobes : le *lobe antérieur* et le *lobe postérieur*,
séparés par le *sillon primaire*, ainsi désigné parce qu'il apparaît
le premier chez l'embryon.

Bolk a pris comme type le cervelet du *lemur albifrons*, et c'est en lui comparant les cervelets des divers groupes de mammifères qu'il a pu établir pour chacun d'eux les variations morphologiques de chaque lobe ; c'est pourquoi, sans entrer dans la description du cervelet du lemur, il nous a paru utile de reproduire les aspects de ce type fondamental (*fig.* 1 et 2). C'est d'ailleurs

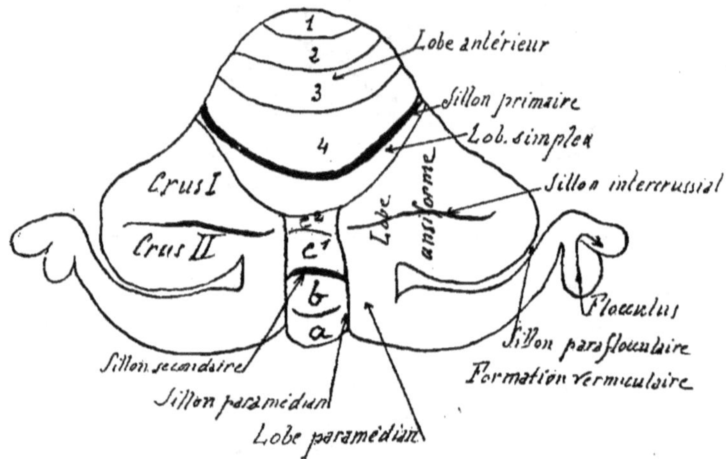

FIG. 3. — Schéma du cervelet (d'après Bolk).

d'après lui que Bolk a édifié son schéma de la morphologie du cervelet, que nous reproduisons également ici (*fig.* 3).

Le *lobe antérieur* est formé de lamelles transversales superposées.

Le *lobe postérieur* est divisé en deux parties : antérieure et postérieure.

L'antérieure ou *lobule simplex* est peu développée et formée, de même que le lobe antérieur, de lames transversales.

La partie postérieure comprend un lobule médian impair et symétrique *ou lobe médian postérieur* et *deux lobules latéraux.*

Étendu de la marge mésencéphalique qui le limite en bas et en avant, jusqu'au sillon primaire qui le borde en arrière, et divisé en trois ou quatre lobules secondaires, le *lobe antérieur* est beaucoup moins sujet aux différenciations que le *lobe postérieur*.

Il en est de même du *lobule simplex*, qui est cependant sujet à quelques variations d'étendue dans le sens sagittal ou dans le sens transversal.

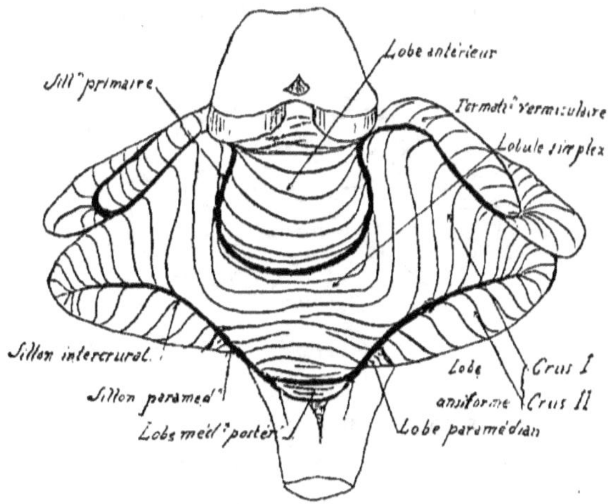

FIG. 4. — Schéma du cervelet du chien (Nomenclature de Bolk).

Plus compliquées sont les variations morphologiques du *lobe médian postérieur* et des *lobes latéraux*.

La partie antérieure du *lobe médian postérieur* est particulièrement sujette à des variations d'étendue importantes, sur la signification desquelles nous aurons à revenir.

Le *lobe médian postérieur* peut être divisé chez tous les animaux en trois parties *a*, *b*, *c* (*fig.* 3).

Tandis que les parties *a* et *b* ne sont pas très différenciées et correspondent au *nodule* et à l'*uvule* de l'homme; le segment *c*,

qui est séparé des premiers par la *fissure secondaire*, est susceptible d'assez grandes variations qui portent surtout sur la région
antérieure, d'où la subdivision du segment en c_1 et c_2. L'étude
de la morphologie comparée démontre qu'il existe une corrélation entre le développement du segment c_2 du lobe postérieur et
celui des lobes latéraux.

Le segment c_1 (*pyramide*) est rattaché par Bradley au même système que le nodule et l'uvule, tandis qu'il en est séparé par Bolk.

En s'appuyant sur l'étude du cervelet du lemur albifrons, Bolk

Fig. 5. — Cervelet de Mus rattus (d'après Bolk).

distingue trois sous-lobes au lobe latéral : le *lobe ansiforme*, le
lobe paramédian et la *formation vermiculaire* (*fig.* 1, 2 et 3).

De ces trois lobules, c'est le lobe paramédian qui varie le
moins et la formation vermiculaire qui varie le plus. Le lobe
ansiforme change moins de forme, mais davantage d'étendue; il
ne se détache pas aussi bien des parties voisines que la formation vermiculaire.

Le *lobe ansiforme* prend chez le lemur la forme d'un ruban,
mais on peut observer tous les intermédiaires, depuis la simple
disposition des lamelles dirigées d'avant en arrière (*Vespertilio
murinus*) jusqu'à la configuration en ruban la plus typique. Bolk
distingue deux parties à l'anse ainsi décrite : le *crus primum* et
le *crus secundum*, séparés par le sillon intercrural (*fig.* 2).

Le crus primum, qui s'insère immédiatement en arrière du lobule simplex, se continue sur la ligne médiane avec le segment c_2 du lobe médian postérieur; chez les animaux dont la conformation du cervelet est très simple comme chez mus rattus (*fig.* 5) on voit les lamelles du lobule ansiforme rudimentaire se continuer sur la ligne médiane avec le lobe postérieur.

Il existe là une amorce de segmentation du lobe postérieur en une partie médiane et en deux parties latérales, tandis que, dans le lobe antérieur, il n'existe aucune tendance à une telle segmentation. De même il n'existe, d'après Bolk, aucun lien entre la portion du lobe postérieur située entre la fissure secondaire et la marge myélencéphalique (*a* et *b*) et les lobes latéraux, tandis que Elliot Smith envisage les segments *a* et *b* du lobe postérieur comme le segment moyen d'un système, dont les formations vermiculaires seraient les lobes latéraux.

Le *lobe paramédian*, qui se trouve ordinairement accollé à la partie postérieure du vermis est caractérisé par sa médiocre étendue et par le peu de variabilité de sa forme.

Chez les primates, le lobe antérieur et le lobule simplex s'étendent beaucoup latéralement; ce sont ces prolongements qui forment pour le premier le *lobe quadrilatère antérieur* et pour le second le *lobe quadrilatère postérieur* (*fig.* 6, 7 et 8).

La différenciation du *lobe ansoparamédian* (lobe ansiforme et lobe paramédian réunis) est telle que Bolk se demande si on peut établir une identification des lobules des primates avec les divisions du cervelet établies chez les autres mammifères.

Chez l'homme, dont toute la portion cérébelleuse comprise en arrière du lobule simplex diffère tant des régions équivalentes du cervelet des autres mammifères, le lobe ansoparamédian serait représenté par le *lobe semi-lunaire supérieur et inférieur*. par le *lobe grêle* et le *lobe digastrique*. Il atteint, par conséquent, une expansion considérable (*fig.* 9 et 10).

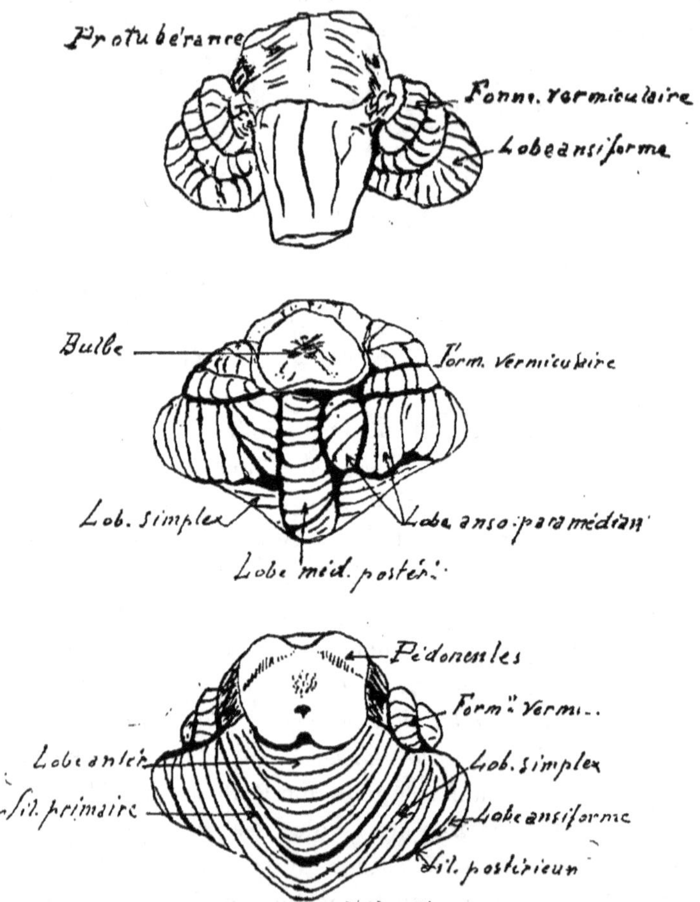

Fig. 6, 7, 8. — Cervelet de Macacus rhesus (Face antérieure, face inférieure, face supérieure).

Les *formations vermiculaires* sont faciles à délimiter (les primates et l'éléphant mis à part) aussi bien par leur disposition que par la forme des lamelles. Chaque formation vermiculaire com-

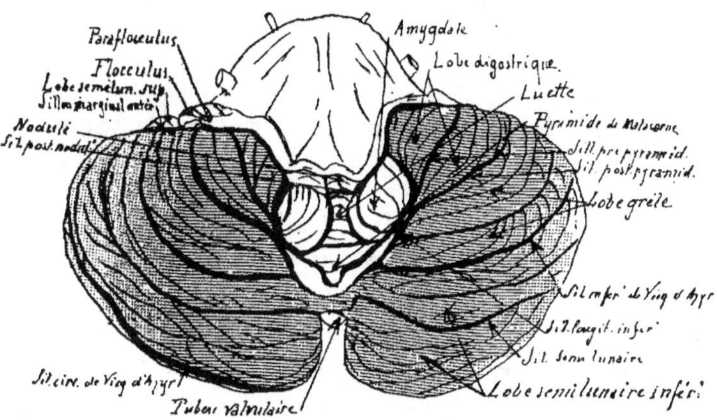

FIG. 9. — Cervelet de l'homme (Face antéro-inférieure).
Lobe ansoparamédian en gris.

prend, d'après Bradley et Elliot Smith, deux parties, le *para-*

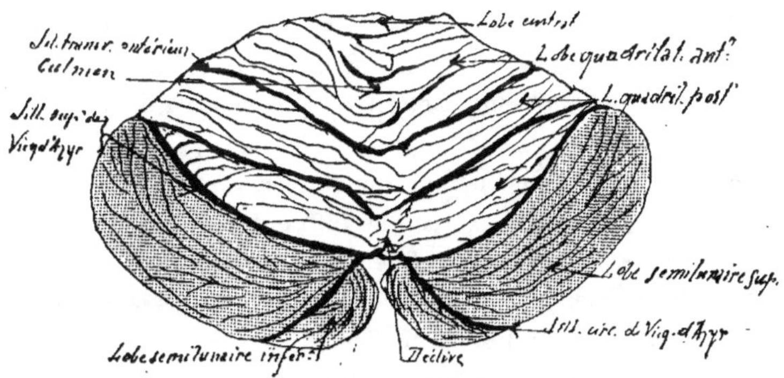

FIG. 10. — Cervelet de l'homme (Face postéro-supérieure).
Fig. 9 et 10, d'après J. Dejerine (Anatomie des centres nerveux).

flocculus et le *flocculus*. Bolk distingue deux parties fondamen-

tales : le *flocculus* et la *partie tonsillaire*, parce que la tonsille de
l'homme en proviendrait. La partie tonsillaire est munie d'un
appendice. le *lobe pétreux ;* le *paraflocculus* de l'homme corres-
pondrait au lobe pétreux des autres mammifères.

2° DÉDUCTIONS PHYSIOLOGIQUES TIRÉES PAR BOLK DE LA MORPHOLOGIE COMPARÉE

Bolk part de ce principe qu'en faisant appel à la morphologie comparée l'anatomiste peut se faire une opinion sur la signification physiologique d'un organe. La forme est subordonnée à
la fonction : la variabilité de forme est très grande d'une
classe à l'autre et le fait que tel segment change beaucoup, tandis
que tel autre subit une différenciation nulle ou insignifiante. est
la source d'indications précieuses.

La morphologie seule ne peut nous enseigner sur la nature de
la fonction d'un organe. mais seulement sur ses variations d'intensité ; en ce qui concerne l'essence même de son mécanisme.
il faut tenir compte des notions fournies par les physiologistes
sur les liens qui unissent l'activité du cervelet à celle d'autres
organes.

C'est à la théorie de Luciani que se rattache Bolk. et il admet
avec lui que le cervelet exerce une influence sthénique, tonique
et statique. et aussi une influence d'ajustement assurant la
mesure, la précision et l'adaptation au but des actes isolés.
volontaires. automatiques et réflexes.

Bolk n'hésite pas à affirmer qu'il existe dans l'écorce cérébelleuse une localisation de fonctions tout à fait semblable à celle
qui existe dans l'écorce cérébrale et. ayant accepté les idées de
Luciani sur les fonctions cérébelleuses, il pose le problème des

localisations de la manière suivante : existe-t-il une corrélation entre certains groupes musculaires et certaines zones de l'écorce cérébelleuse ?

On trouve de grandes variations morphologiques dans certains lobes, tel le lobe médian postérieur, dont le tiers supérieur peut être très simple comme chez la taupe ou bien enroulé et disposé à la manière d'un chou-fleur comme chez le chat ou le cheval ; et cette grande variabilité ne peut être mise sur le compte du poids du corps, car chez l'éléphant cette même partie est très simplement développée. On trouve également de très grandes variations de forme dans le lobe ansiforme, et de plus grandes encore dans les formations vermiculaires qui, rudimentaires chez l'éléphant et chez l'homme, représentent chez les cétacés et les pinnipèdes plus que la moitié de tout le lobe postérieur.

Le cervelet peut donc être envisagé comme un complexe d'organes dont les uns sont plus stables, les autres très changeants dans leurs développements ; à chacun de ces organes est dévolue la représentation d'une province musculaire.

Il y a dans le corps des régions dans lesquelles l'exécution d'un mouvement exige le concours simultané et la coordination des muscles du côté droit et du côté gauche ; il y en a d'autres où les mouvements les plus compliqués peuvent être exécutés par l'appareil musculaire d'un seul côté, tandis que l'appareil homodyname du côté opposé reste inactif.

Dans la catégorie des premières régions rentrent la tête et le cou. Les muscles qui siègent dans la tête agissent toujours bilatéralement : muscles des yeux, de la parole, de la mimique, muscles masticateurs ; de même en est-il pour les muscles du cou, y compris les muscles du larynx et du pharynx. Les mouvements de rotation de la tête sont subordonnés à l'action de muscles bilatéraux, qui ne sont pas les mêmes pour chaque côté ; on peut donc supposer que pour tous ces muscles qui agissent synergiquement il existe un centre impair de coordination. Dans le *lobe antérieur* se trouveraient les centres de coordination pour les groupes musculaires de la tête ; *dans le lobule simplex* les centres de coordination de la musculature du cou.

Il n'en est plus de même pour les membres supérieurs et inférieurs et surtout pour les premiers.

Les membres supérieurs sont susceptibles d'exécuter des actes dans lesquels leurs mouvements respectifs sont coordonnés les uns par rapport aux autres ; mais dans certains actes un membre supérieur intervient seul, indépendamment de l'autre membre qui reste inactif ou qui peut même exécuter des mouvements tout à fait différents. Les mêmes considérations s'appliquent aux membres inférieurs, bien que cette différenciation physiologique n'ait pas atteint le même degré que pour les membres supérieurs.

On peut donc concevoir que les groupes musculaires des membres aient deux centres de représentation dans l'écorce cérébelleuse, l'un impair et médian affecté aux mouvements synergiques, l'autre pair et bilatéral affecté aux mouvements unilatéraux. Les proportions relatives du développement de ces centres (impair et pairs) doivent être très différentes suivant la classe animale que l'on envisage. Il y a des animaux chez lesquels presque tous les mouvements des membres sont synergiques pendant la locomotion, tels les solipèdes ; chez d'autres animaux, les grimpeurs et les aquatiques par exemple, les membres ont acquis dans leurs mouvements une très grande indépendance et une très grande individualité : c'est encore le cas de ceux qui sont capables de prendre ou de creuser. Il est aisé de se représenter que chez les premiers le centre impair et synergique de coordination doit l'emporter sur les centres pairs ; il tend au contraire à regresser chez les autres et les centres pairs tendent au contraire à se développer et à s'affranchir. Le centre impair siégerait dans la *partie supérieure du lobe médian postérieur*, les centres pairs dans les *lobules ansiforme* (membre supérieur) et *paramédian* (membre inférieur).

Les muscles du tronc, dont la synergie des contractions est constante, sont représentés dans un centre moins sujet aux variations de forme et de volume : le *lobe médian postérieur*.

La queue doit être représentée dans un centre susceptible de très grandes oscillations, si on envisage qu'elle fait complètement défaut dans certaines classes et qu'elle prend au contraire une très grande importance anatomique et physiologique dans d'autres classes ; ce centre siège d'après Bolk dans les *formations vermiculaires*.

L'écorce cérébelleuse peut ainsi être partagée au point de vue physiologique, de la manière suivante :

Lobe antérieur. — Centres de coordination pour les groupes musculaires de la tête : yeux, langue, mâchoire, face, larynx, pharynx.

Lobule simplex. — Centre de coordination de la musculature du cou.

Lobe médian postérieur (partie supérieure). — Centre de coordination synergique des membres droits et gauches.

Lobule ansiforme et paramédian. — Centres pairs pour les mouvements unilatéraux des deux membres.

Lobe médian postérieur (partie inférieure. — Centre pour la musculature du tronc.

Formations vermiculaires. — Centres pour la musculature de la queue.

La morphologie comparée apporte à cette conception l'appui des considérations suivantes :

Chez les cétacés et les carnivores et en particulier chez les pinnipèdes, la musculature de la mâchoire n'a pas acquis l'importance physiologique qu'elle a chez les ruminants ; c'est pourquoi le lobe antérieur est moins développé chez les premiers que chez les seconds.

Le très grand développement du lobe antérieur chez les primates, où il s'étend considérablement dans les deux sens, sagittal et transversal, serait en rapport avec le développement de la mimique. Le même lobe atteint son maximum de développement chez l'homme (*fig.* 9 et 10) (*culmen*), où ses parties latérales (*lobes quadrilatères antérieurs*) s'étalent plus largement à la face supérieure du cervelet : disposition qui serait en rapport avec la parole et la plus grande importance physiologique du larynx.

Au lobule simplex échoit la musculature du cou : il doit donc être plus important chez les animaux, dont cette région est douée à la fois d'une plus grande mobilité et d'une plus grande importance physiologique, vu le rôle qui lui revient dans l'équilibre ou dans l'exécution d'actes plus individualisés. C'est pourquoi il atteint un développement très grand chez la girafe.

Chez l'homme, ses diamètres sagittal et transversal sont très grands : il est représenté par le *déclive* sur la ligne médiane, par les *lobes quadrilatères postérieurs* sur ses faces latérales ; est-il utile d'insister sur la très grande mobilité et la très grande variabilité des mouvements du cou chez l'homme, et sur le rôle qu'il joue dans la statique de la tête.

Pour des raisons inverses le lobule simplex est, au contraire, très petit chez le pangolin et chez la taupe ; il est médiocrement développé chez le phoque, et il fait pour ainsi dire défaut, de même que le sillon primaire, chez les cétacés, dont la musculature du cou intervient fort peu dans la statique et la mécanique de la tête.

Comme on l'a vu plus haut, les centres de coordination des extrémités pour les membres sont au nombre de trois : un centre impair et médian et deux centres pairs. Le premier siège dans la partie supérieure du lobe médian postérieur, les autres, dans les lobes ansiformes et paramédians.

Le lobe médian est plus développé chez les animaux dont les membres agissent presque exclusivement d'une manière synergique ; le squelette et la musculature de la partie distale des membres sont chez eux très peu différenciés. C'est surtout le cas du cheval, du mouton, à un moindre degré de la girafe et du cerf. de l'antilope, du tapir. Chez les animaux à lobe médian très volumineux, les synergies des deux membres pendant la course et la locomotion sont très développées, les deux membres homolatéraux sont simultanément en antéflexion ou en rétroflexion. Lorsque le lobe médian a acquis une telle importance, les lobes pairs sont très réduits ; ils sont représentés par un ensemble de lamelles très courtes, qui ne se disposent pas en ruban.

Inversement chez les carnivores (lion, chat, chien, tigre, phoque, hyène, ours) et aussi chez les grands prosimiens, chez les édentés et le cochon, les centres pairs prennent l'aspect type du lobe ansiforme.

En somme, les segments latéraux qui représentent les centres pairs s'accroissent d'autant plus et le segment médian qui représente le centre impair d'autant moins que les extrémités ont une plus grande importance physiologique et s'individualisent davantage, que les mouvements de chaque membre sont plus variés et plus délicats. L'expansion des lobes latéraux atteint son maximum chez l'*Ursus arctus* et le *Phoca ritulina* : chez le phoque, les mouvements des extrémités adaptés à la nage et à la plongée ont besoin d'une grande indépendance. Le cervelet du phoque et celui des cétacés sont très différents par l'orientation de leurs lamelles et leur morphologie générale. mais ils possèdent tous deux un lobe ansiforme très puissant. Parmi les rongeurs. les sciurides qui grimpent ont un lobe ansiforme très développé.

Enfin les segments latéraux du lobe postérieur atteignent leur maximum de développement chez l'homme *fig*. 9 où ils sont représentés par les lobes semilunaires supérieur et inférieur, tandis que le segment moyen *folium cacuminis* et *tubercule valvulaire*, est extrêmement réduit ; n'est-ce pas chez l'homme que les mouvements des extrémités sont les plus variés et les plus individualisés ?

Les lobules *a* et *b fig*. 3, du lobe médian postérieur varient fort peu morphologiquement : la musculature des parties ou des fonctions dont ils sont les centres. muscles du tronc. de la respiration. du périnée, reste à peu près la même dans toutes les classes : elle agit surtout synergiquement : chez elle pas de différenciation ni d'individualisation.

Il n'en est pas de même de la formation vermiculaire dont le degré de développement paraît proportionnel à celui de la musculature de la queue. Chez les animaux qui vivent dans l'eau. les phoques par exemple. la formation vermiculaire est très développée et la musculature de la queue a une très grande importance physiologique. Chez les singes le lobe pétreux disparaît en même temps que la queue. et le paraflocculus rudimentaire de l'homme est l'homologue du lobe pétreux des primates inférieurs.

3° DIVISION DU CERVELET EN PALEOCEREBELLUM
ET EN NEOCEREBELLUM (EDINGER)

Avant Bolk la morphologie comparée du cervelet avait déjà exercé la sagacité des naturalistes, qui avaient rapproché le développement exagéré de quelques parties de cet organe de l'importance physiologique acquise par certaines parties du corps ou par certaines fonctions.

Chez les poissons, le cervelet est très peu développé, surtout chez les poissons osseux. Comme le fait remarquer Edinger, la myxine qui vit soit dans le corps d'autres poissons à la manière d'un parasite, soit sur les pierres auxquelles elle reste fixée, n'a pas de cervelet. Les poissons qui vivent dans le sable ont un cervelet beaucoup moins développé que les poissons de la même famille qui vivent dans l'eau.

Chez la plupart des oiseaux, il n'existe qu'un lobe médian ; chez quelques-uns il se renfle en dehors et de chaque côté, pour former deux petits appendices latéraux considérés comme la première ébauche des lobes latéraux des mammifères. A peine visibles chez la poule, l'oie, le serin, le moineau, ils le deviennent chez la perdrix, le pigeon, l'autruche, le canard, la cigogne. D'après Serres, les oiseaux qui s'élèvent et se soutiennent long-temps dans l'air, comme les cigognes, ceux dont les pieds ou les ailes ont une force prodigieuse, comme le fou de Bassan ou les perroquets, sont ceux dans lesquels les petits hémisphères céré-belleux lui ont paru le plus développés.

Le cervelet des reptiles, réduit ordinairement à une simple lame transversale, prend une forme globuleuse chez la tortue, et son volume dépasse alors celui d'un lobe opti que. Le cervelet de la tortue de mer est deux fois plus volumineux que celui de la tortue de terre (Edinger); vraisemblablement d'après cet auteur, à cause de l'activité très grande qu'elle déploie dans la nage. Le cervelet du crocodile est plusieurs fois plissé sur lui-même et possède deux appendices latéraux.

L'un de nous avait déjà insisté sur ce fait que chez les mammifères le volume du lobe médian est inversement proportionnel à celui des hémisphères cérébraux, tandis que le développement des hémisphères cérébelleux lui est directement proportionnel : c'est pourquoi leur fonctionnement doit être intimement lié à l'activité cérébrale et aux mouvements volontaires. Celle-ci se dépensant beaucoup plus dans les mouvements des membres supérieurs que dans les mouvements des membres inférieurs et du tronc, il doit exister un certain rapport entre le développement physiologique des membres supérieurs et le volume des hémisphères cérébelleux.

Tenant compte à la fois de l'embryologie, de l'anatomie comparée et de l'évolution phylogénétique, Edinger divise le cervelet en deux parties : le *paleocerebellum* et le *neocerebellum* (*fig.* 11 et 12).

Cet auteur attache une grande importance aux sillons primaires transverses, au nombre de deux, qui apparaissent très tôt sur le cervelet de l'embryon : ils sont parallèles et n'atteignent pas toujours les parties latérales. Le sillon primaire antérieur d'Edinger se confond avec le sillon primaire de Bolk, et le sillon primaire postérieur correspond vraisemblablement au sillon uvulonodulaire de Bolk. (D'après Bolk, le sillon primaire et le sillon uvulonodulaire, qui sépare *a* et *b* dans son schéma (*fig.* 3), se développent les premiers et en même temps ; la fissure secondaire et le sillon prépyramidal plus tard et à peu près en même temps, mais ensuite la fissure secondaire devance toujours le sillon prépyramidal.) Les deux sillons primaires d'Edinger délimitent au milieu du cervelet embryonnaire un segment qui aura plus tard une grande importance.

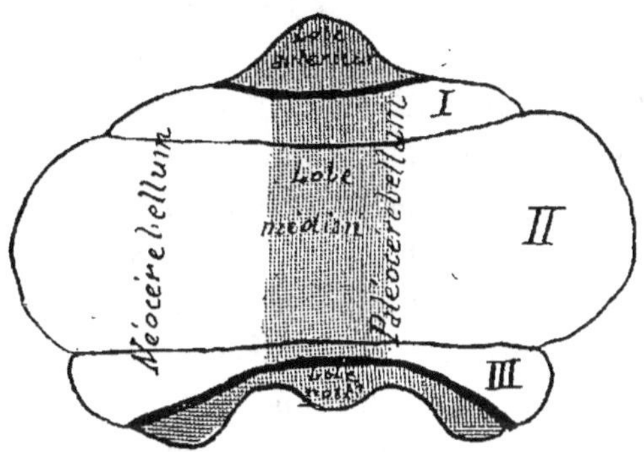

FIG. 11. — Schéma du cervelet (d'après Edinger).
En gris : le *paleocerebellum* ; en blanc : le *neocerebellum*.

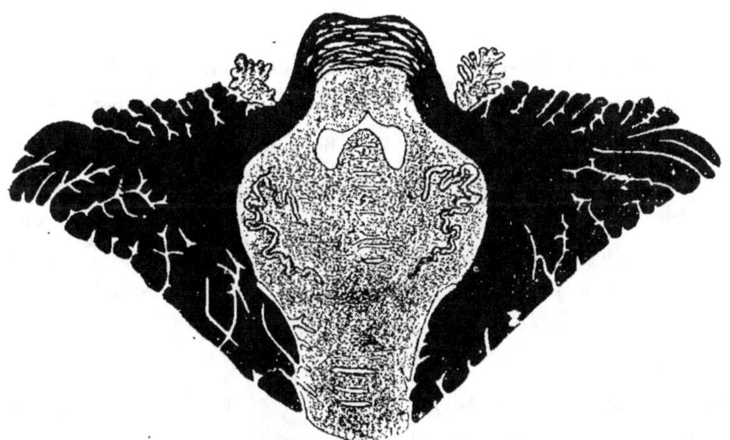

FIG. 12. — Schéma du cervelet (d'après Edinger).
Coupe passant par la protubérance.— En gris : le vermis et le flocculus, c'est-à-dire le *paleocerebellum*. — En noir : l'étage antérieur de la protubérance et les hémisphères cérébelleux, c'est-à-dire le *neocerebellum*.

Quand on étudie les diverses classes de vertébrés, on remarque

que chez les animaux qui n'ont pas de fibres pontiques (pédoncule cérébelleux moyen) s'étendant de l'étage antérieur de la protubérance à l'écorce du cervelet, c'est-à-dire les reptiles et les oiseaux, il existe un lobe médian ou vermis et rien qu'un vermis ; mais chez les animaux qui possèdent de telles fibres et dont le cervelet est ainsi mis par leur intermédiaire en rapport avec le cerveau, il existe de chaque côté du vermis un lobe latéral : à l'*ancien paleocerebellum* commun à tous les vertébrés s'adjoint un *neocerebellum* chez les mammifères (*fig.* 12).

Ces nouveaux lobes se développent aux dépens du segment moyen de l'écorce cérébelleuse, limité en avant et en arrière par les sillons primaires. Si on rapproche cette conception de celle de Bolk, il est aisé de constater que les limites du segment du cervelet primitif, aux dépens duquel se développent les lobes latéraux ou hémisphères, sont beaucoup plus écartées d'après Edinger que d'après Bolk.

D'après les recherches d'anatomie comparée qu'Edinger et Comolli ont entreprises sur toute la série des mammifères, il résulte que le vermis et le flocculus sont plus anciens phylogénétiquement et représentent le paleocerebellum, tandis que les hémisphères appartiennent au neocerebellum. Le paleocerebellum se myélinise plus tôt que le neocerebellum (O. Vogt).

Non seulement le vermis se myélinise plus tôt que les hémisphères, mais le développement histologique y serait également plus précoce.

D'après Löwy, la maturité du vermis coïncide avec l'apparition des fonctions de locomotion : elle est déjà complète chez les animaux qui sont capables de marcher dès la naissance, tandis qu'elle est plus tardive chez les animaux qui ne sont pas encore capables de se mouvoir.

La maturité des hémisphères serait indépendante de la locomotion : chez un très grand nombre d'animaux elle est très incomplète, tandis qu'ils sont déjà en mesure de courir. Chez des animaux assez élevés dans l'échelle, tels que le chat, qui est susceptible d'exécuter des mouvements assez individualisés avec ses membres antérieurs, ces mouvements sont encore très imparfaits au vingt-cinquième jour de la vie, et parallèlement le développement histologique des hémisphères est encore incomplet. Cette coïncidence serait encore un argument à l'appui des localisations cérébelleuses.

Les fibres afférentes du neocerebellum proviennent du noyau antérieur de la protubérance du côté opposé (noyau pontique), et celui-ci reçoit à son tour des fibres de la voie pyramidale. Les rapports du neocerebellum avec l'écorce de l'hémisphère cérébral croisé sont donc intimes; c'est pourquoi il existe un certain parallélisme dans le développement de ces trois parties : *voie pyramidale, noyau pontique, pédoncule cérébelleux moyen et lobe latéral*. Dans un cas d'absence du noyau pontique, étudié par Neuburger et Edinger, l'hémisphère cérébelleux croisé faisait défaut, mais le vermis et le flocculus du même côté étaient conservés. On peut toutefois se demander si dans ce cas l'atrophie croisée du noyau pontique n'a pas été plutôt la conséquence que la cause de l'atrophie de l'hémisphère cérébelleux.

L'hémiatrophie croisée du cervelet consécutive aux lésions cérébrales (Turner), et qui porte exclusivement sur l'hémisphère cérébelleux, montre mieux encore les liens qui unissent anatomiquement et sans doute aussi fonctionnellement l'hémisphère cérébral et l'hémisphère cérébelleux controlatéral. L'atrophie croisée se rencontre habituellement dans les cas de lésions cérébrales remontant à la première enfance, mais elle se voit aussi à la suite des lésions cérébrales de l'âge adulte (André-Thomas et Kononova).

Cette atrophie croisée porte généralement sur l'ensemble de l'hémisphère, mais elle peut affecter davantage certains lobes du cervelet : le lobe quadrilatère (antérieur et postérieur, est parfois plus atrophié que les autres lobes (André-Thomas et Cornélius, André-Thomas et Kononova). Dans la première de ces observations, les cellules de Purkinje manquaient dans le lobe quadrilatère, et elles réapparaissaient dans les parties adjacentes du vermis.

L'intérêt de ces observations ne consiste pas seulement dans la démonstration qu'elles apportent des relations de l'hémisphère cérébelleux avec l'hémisphère cérébral croisé : l'atrophie manifeste du lobe quadrilatère antérieur et postérieur, qui correspondent aux portions latérales du lobe antérieur et du lobule simplex de Bolk, montre en outre que si, d'après l'embryologie et l'anatomie comparée, ces deux lobes ne doivent être considérés que comme un tout indivisible, il n'en est plus de même si on se place au point de vue de leurs rapports anatomiques et peut-être même au point de vue physiologique. Le segment médian du lobe antérieur et du lobule simplex appartient au paleocerebellum d'Edinger et n'a pas de relations immédiates avec l'écorce des hémisphères cérébraux; les segments latéraux, appelés couramment lobes quadrilatères antérieurs et postérieurs, appartiennent au neocerebellum et sont en rapport intime avec l'écorce cérébrale.

La nomenclature rationnelle de Bolk et les déductions qu'il en a tirées au point de vue physiologique sont sans conteste d'un très gros intérêt: elles tracent la voie aux recherches expérimentales et cliniques ; mais elles attendent, à leur tour, le contrôle des physiologistes et des cliniciens, et elles seront d'autant plus solides qu'elles concorderont avec les résultats de leurs observations.

CHAPITRE II

ÉTAT ACTUEL DE NOS CONNAISSANCES
SUR LA PHYSIOLOGIE DU CERVELET
ET LES LOCALISATIONS CÉRÉBELLEUSES

Dans le courant de ces dernières années des progrès sérieux ont été accomplis dans la physiologie et la pathologie du cervelet, et l'un de nous a déjà eu l'occasion d'en signaler quelques-uns dans un récent travail qu'il a consacré à l'étude de la fonction cérébelleuse. Mais nos connaissances s'enrichissent rapidement, le cervelet est devenu un sujet d'actualité, et aujourd'hui, à deux ou trois ans d'intervalle, nous sommes en possession de données nouvelles, qui ont trait pour la plupart aux localisations cérébelleuses.

Les recherches expérimentales poussées dans cette direction, et guidées sans doute par les études de morphologie et d'anatomie comparées de Bolk, ont à leur tour contribué pour une large part à développer nos connaissances sur les fonctions du cervelet. Les études cliniques de Barany sur l'appareil vestibulaire, qui est en relation intime avec le cervelet, ont abouti à des résultats du même ordre et nous ont déjà fourni des données précieuses à la fois sur la physiologie et les localisations cérébelleuses.

La sémiologie et la physiologie du cervelet ont fait récemment le sujet de deux rapports au congrès de Londres, présentés

l'un par MM. Babinski et A. Tournay, l'autre par M. Rothmann.
Ce dernier auteur a consacré un chapitre important à l'étude des
localisations.

1° NOTIONS GÉNÉRALES SUR LA FONCTION CÉRÉBELLEUSE

Nous ne nous arrêterons pas longtemps aux travaux qui ont
précédé l'apparition des recherches de Luciani et qui sont résu-
més dans la plupart des ouvrages classiques.

Beaucoup contiennent des observations et des études de très
grande valeur, nombre de faits exacts, mais nous devons nous
attacher à l'étude de ceux qui ont des liens plus étroits avec les
recherches personnelles qui font le sujet de ce travail.

Le livre de Luciani (1891) a marqué une date importante dans
l'histoire des fonctions du cervelet, et bien que la théorie de cet
auteur soit passible de nombreuses critiques, elle s'appuie sur
un certain nombre d'observations judicieuses qui ont servi de
base aux travaux les plus modernes.

La théorie de l'influence sthénique, tonique et statique du
cervelet, telle que l'a formulée Luciani, ne saurait soulever de
grosses objections en elle-même; elle n'a été combattue qu'autant
qu'elle est envisagée par son protagoniste comme une influence
générale, une activité commune non spécifique et pour ainsi dire
fondamentale de tout le système nerveux.

Le cervelet augmenterait l'énergie fonctionnelle dont disposent les appareils neuromusculaires (action sthénique) : il
accroît le degré de leur tension durant la pause fonctionnelle
(action tonique) ; il accélère le rythme des impulsions élémen-
taires durant leur activité fonctionnelle, il assure leur fusion
normale et la continuité des actes (action statique).

Et cependant la disparition de cette *influence de renforcement* ne donne jamais lieu à de la paralysie réelle, pas plus chez l'animal privé de cervelet que chez l'homme ; en ce qui concerne ce dernier, elle y est très différente de la suppression de l'influence exercée par l'écorce cérébrale.

On peut être surpris que Luciani ait considéré le cervelet comme un organe central fonctionnellement homogène et non pas un agrégat d'organes, à chacun desquels reviendrait une fonction distincte, — et par cela même il semble rejeter toute idée de localisation dans le cervelet ; — n'a-t-il pas conclu en effet de ses expériences que le manque d'innervation d'une moitié latérale du cervelet donne lieu à des troubles principalement répartis dans la moitié correspondante du corps? Et le fait a été contrôlé par tous les physiologistes qui l'ont suivi : n'est-ce pas le principe même des localisations cérébelleuses ?

Cette influence sthénique, tonique, statique, n'est donc pas d'ordre aussi général que l'a soutenu Luciani ; pour chaque moitié du corps, elle a une répartition spéciale dans le cervelet : et cette répartition a lieu dans la moitié correspondante de cet organe. De là à rechercher et à constater des localisations plus étroites pour le membre supérieur, pour le membre inférieur, la tête, le cou, le tronc, il semble qu'il n'y ait qu'un pas à franchir ; mais nous l'avons déjà fait remarquer, on n'étudiait alors que les effets des grosses lésions du cervelet ; les troubles plus légers produits par des lésions plus limitées et moins profondes passaient pour ainsi dire inaperçus.

Avant que le cervelet ne soit considéré comme un centre d'énergie motrice ou de renforcement — théorie contenue déjà en germe dans la conception de Rolando, qui en faisait un organe destiné à la préparation et à la sécrétion de la puissance nerveuse — il avait été considéré comme un centre de coordination et de régulation des mouvements (Flourens). Il a été encore représenté comme un centre assurant les adaptations musculaires nécessaires à l'exécution des mouvements compliqués (Schiff) ou au maintien de l'équilibre (Ferrier).

En réalité ce qui a frappé d'abord et le plus longtemps l'attention des physiologistes et des cliniciens, c'est la perte ou la difficulté de l'équilibration produite par les lésions cérébelleuses, malgré l'absence de paralysie. L'un de nous a insisté plus particulièrement dans ses premiers travaux sur le rôle du cervelet dans l'équilibration, et Munk admet que cet organe est un centre d'équilibre fin.

Dans les troubles causés par les destructions du cervelet, Schiff a encore incriminé une aberration de l'innervation motrice ; ce ne sont plus seulement les muscles directement adaptés à l'exécution d'un mouvement qui entrent en contraction, mais encore les muscles antagonistes. D'autre part, en dehors des troubles de l'équilibration, il existe une perturbation motrice qui consiste dans ce fait que le mouvement est trop brusque et dépasse le but, et qui a été désigné sous le nom de dysmétrie.

Qu'elle qu'en soit l'interprétation donnée, l'influence du cervelet sur la musculature n'en était pas moins reconnue par tous les physiologistes; il restait à débrouiller sa nature et sa répartition dans la corticalité cérébelleuse. Les premiers résultats des expériences poursuivies dans cette double voie montrent le lien intime qui unit ces deux problèmes, et l'on peut affirmer que l'étude des localisations cérébelleuses a jeté quelque lumière sur la nature de la fonction cérébelleuse.

C'est d'ailleurs ce que l'on était en droit d'attendre de l'analyse de phénomènes plus localisés et moins complexes.

Avant d'examiner le bilan de ces acquisitions nouvelles, il nous paraît utile de présenter très brièvement les données les plus fondamentales que nous possédons sur la question, et que l'un de nous a résumées de la manière suivante dans un travail antérieur [1].

« Parmi les résultats de l'investigation expérimentale et clinique, il y a lieu de distinguer un groupe de faits *concordants* et un groupe de faits *discordants*.

« Le premier groupe comprend les phénomènes produits par la destruction de l'organe, le deuxième groupe les phénomènes produits par l'excitation.

« Ce dernier groupe doit être de nouveau étudié avant qu'on ne puisse en tirer des déductions physiologiques définitives.

« Les symptômes consécutifs à la destruction du cervelet sont avant tout des troubles de la motilité : que le mouvement soit réflexe, automatique ou volontaire.

« La perturbation motrice s'applique non seulement à chaque mouvement considéré isolément, mais encore aux associations de mouvements ou mieux aux synergies motrices.

« Chaque mouvement isolé en lui-même n'est pas incoordonné comme dans l'ataxie locomotrice : il est caractérisé par la *dysmétrie* et la *discontinuité*. Lorsque le mouvement fait place au maintien d'une attitude, il y a instabilité ou astasie.

« Les troubles des synergies motrices sont particulièrement manifestes dans les réactions toniques appliquées au maintien de l'équilibre ; il y a perturbation des réactions d'équilibration. Le cervelet perfectionne et accélère le rétablissement de l'équilibre, de même qu'il précise et régularise le mouvement.

« Le cervelet assure la mesure et la continuité du mouvement, la stabilité et les réactions d'équilibration par une action tonique spéciale ; cette action régulatrice est en partie sous la dépen-

---

1. André-Thomas. — La fonction cérébelleuse, *Encyclopédie scientifique*, 1911.

dance du cervelet et en partie sous la dépendance des excitations périphériques; mais il n'est pas un centre de sensibilité consciente.

« On ne saurait envisager l'action du cervelet sur le tonus musculaire et sur les centres comme frénatrice ou inhibitrice, plutôt que comme excitomotrice. Elle est vraisemblablement l'une et l'autre.

« Contrairement au cerveau, l'influence du cervelet s'exerce surtout sur les muscles du même côté du corps.

« De même qu'après la suppression du cervelet, la motilité des membres n'est pas abolie, de même l'équilibre n'est pas définitivement perdu; il peut être réacquis dans une certaine mesure grâce aux suppléances cérébrales et au labyrinthe.

« L'existence de centres individualisés de mouvements différenciés ou coordonnés dans le cervelet n'est pas encore absolument démontrée; mais les recherches poursuivies jusqu'ici dans cette voie sont plutôt favorables à cette hypothèse.

« On doit distinguer deux organes dans le cervelet, l'*écorce* et les *noyaux gris centraux*. Dans l'écorce, on peut admettre une certaine indépendance fonctionnelle entre le vermis et les hémisphères, de même pour les noyaux centraux.

« Le vermis ou cervelet primitif (paleocerebellum) est surtout en rapport avec les centres inférieurs (spinaux, bulbo-protubérantiels); les hémisphères avec les centres supérieurs (écorce cérébrale, ganglions centraux du cerveau). L'action du cervelet peut s'exercer soit par voie réflexe (noyaux du nerf vestibulaire, noyau rouge), soit par l'intermédiaire du cerveau (pédoncule cérébelleux supérieur et fibres thalamo-corticales).

« Le vermis, dont les rapports avec les noyaux du nerf vestibulaire sont très intimes, est plus spécialement affecté à la régulation des coordinations dont dépendent l'équilibre et la statique du corps; les hémisphères à la régulation des mouvements volontaires. »

Depuis que ces lignes ont été écrites, les expériences faites de divers côtés et nos propres expériences paraissent établir d'une manière définitive l'existence de localisations dans le cervelet.

2° LOCALISATIONS CÉRÉBELLEUSES

1° Localisations établies d'après les phénomènes produits par les destructions du cervelet. — En faisant appel à l'analyse des faits cliniques, Nothnagel avait prétendu que le vermis et les hémisphères sont des organes à fonctions différentes; le vermis jouant chez l'homme le même rôle que le vermis des vertébrés inférieurs; les hémisphères se développant chez les mammifères suivant la place qu'ils occupent dans l'échelle intellectuelle.

Les lésions du vermis produiraient seules la titubation, et encore est-il nécessaire pour cela que la partie moyenne soit intéressée; les lésions du vermis supérieur et du vermis inférieur n'entraînent pas de désordres du mouvement.

On ne peut passer sous silence les expériences de Ferrier qui consistent en destructions et en électrisations du cervelet, et dont les résultats devaient l'amener à accepter l'existence de localisations. Les troubles observés par Ferrier après les lésions de la partie antérieure du lobe moyen diffèrent de ceux que produisent les lésions de la partie postérieure : les premières donnent lieu à une chute en avant, les autres à une chute en arrière. Les lésions d'un lobe latéral donnent lieu à des mouvements de rotation avec déviation des yeux dans le même sens : celles de l'autre lobe des effets inverses. Les effets produits par l'excitation électrique des diverses régions de l'écorce cérébelleuse concordent avec ceux des destructions : ce sont des mouvements synergiques des globes oculaires ; les mouvements des membres se produisent du même côté que la moitié excitée et ils ont un caractère brusque et spasmodique. Chaque côté du cervelet coordonnerait le mécanisme musculaire, qui empêche le déplacement de l'équilibre sur le côté opposé : la région antérieure du vermis coordonnerait le mécanisme qui empêche la rotation en avant.

Le cervelet semblerait donc être l'arrangement complexe *de centres individuellement différenciés*, qui, en agissant ensemble, règlent les diverses adaptations musculaires nécessaires au maintien de l'équilibre du corps.

L'un de nous a conclu également de ses premières expériences sur le cervelet du chien que, bien qu'il soit encore impossible d'établir des localisations précises, le vermis intervient surtout dans les phénomènes d'équilibration dépendant de la partie postérieure du tronc et des membres postérieurs, et les hémisphères dans les phénomènes d'équilibration dépendant de la partie antérieure du tronc et des membres antérieurs.

Avec les travaux d'Adamkiewicz, de Van Rynberk, de Marassini, de Hulshoff Pol, Vincenzoni, de Rothmann, etc…, l'étude des localisations cérébelleuses est entrée dans une période de précision et de perfectionnement. Adamkiewicz plonge une lancette dans divers territoires de l'écorce du cervelet et il la retire après lui avoir imprimé un mouvement de rotation ; il enlève ainsi des petits fragments dont l'extirpation donne lieu à des troubles du mouvement. Ses expériences ont été faites sur le lapin. Les résultats varient suivant que la lésion porte sur le lobe latéral (face supérieure) ou sur le lobe postérieur.

Le *lobe latéral* est-il lésé au niveau de son quart supérieur et en dehors, la patte antérieure se met en abduction ; si la lésion porte sur le quart inférieur, le membre postérieur est parésié. Entre le centre du membre antérieur et celui du membre postérieur siège le centre des muscles qui inclinent ou font tourner la tête du même côté; la destruction produit une rotation de la tête du côté opposé. En même temps, l'œil du même côté ne peut plus s'ouvrir.

Le tiers antérieur du *lobe moyen* serait un centre pour les deux pattes antérieures et pour les muscles de la nuque, surtout les extenseurs : après sa destruction les membres antérieurs se fatiguent vite et la tête oscille. — Le tiers postérieur est un centre pour les membres postérieurs : l'animal ne progresse plus par sauts, comme le fait normalement le lapin. — Le tiers moyen serait un centre pour les quatre membres et pour les muscles fléchisseurs de la colonne vertébrale : le lapin ne peut plus se servir de ses quatre membres et il reste aplati sur le sol.

De ces expériences, dont la valeur est peut-être discutable à cause du peu de précision dans l'étendue des lésions, Adamkiewicz a tiré quelques déductions sur la physiologie du cervelet. Cet organe présiderait, sous la direction du cerveau qui assure la mise en train, à l'exécution de tous les mouvements du corps. Il élabore la force qui se transforme en mouvements et renferme un centre particulier pour chaque groupement de muscles.

Les expériences des autres physiologistes sont plus intéressantes parce qu'elles ont été effectuées pour la plupart sur le chien, et quelques-unes sur le singe.

Van Rynberk a pu obtenir des troubles localisés à la tête, au membre antérieur et au membre postérieur. — La destruction du lobule simplex est suivie d'une astasie des muscles de la tête ; celle-ci oscille transversalement comme dans le mouvement de dé-négation. — La destruction du crus primum du lobe ansiforme est suivie de troubles moteurs dans le membre antérieur : pendant les premiers jours, quand on suspend l'animal par le dos, le membre antérieur ou même les deux se fléchissent fortement dans l'articulation du coude (attitude de salut militaire); plus tard il existe de la dysmétrie pendant la marche, et le membre, en s'élevant d'une manière exagérée au-dessus du sol, rappelle la démarche du coq. — La destruction du crus secundum du lobe ansiforme, et principalement de la région qui se continue immédiatement avec le lobe paramédian, donne lieu à des troubles du même ordre dans le membre postérieur : dysmétrie ambulatoire associée à un certain degré de faiblesse.

Les troubles sont d'autant plus persistants que les lésions sont plus profondes et plus étendues : ainsi les troubles du membre postérieur sont plus intenses si, en même temps que le crus secundum, le crus primum a été lésé; ceux du membre antérieur sont renforcés par la participation de la région adjacente du lobe médian (dont la destruction isolée ne donne lieu à aucun symptôme). Van Rynberk n'a pu établir de rapports précis entre les symptômes oculaires et le siège des lésions. La destruction du lobe paramédian donne lieu à des mouvements de roulement autour de l'axe et à du pleurothotonos.

Chez l'agneau, les destructions de certaines parties du cervelet ont des effets différents de ceux que l'on observe chez le chien. C'est ainsi que, d'après Van Rynberk, la destruction du segment c_2 (*fig.* 3) du lobe médian postérieur qui, chez le chien, ne donne lieu à aucun symptôme, produit, au contraire, des troubles très manifestes chez l'agneau. Le segment c_2 a, il est vrai, une morphologie très différente chez ces deux animaux : chez le chien il est peu développé; chez l'agneau, au contraire, il est tellement développé qu'il décrit une S, d'où le nom de lobule S que lui donne Van Rynberk. D'autre part, le lobe ansiforme et le lobe paramédian sont peu développés chez l'agneau, comparativement au degré qu'ils atteignent chez le chien.

Bolk fait remarquer à ce propos que les mouvements des membres sont beaucoup plus individualisés chez le chien que chez l'agneau : le chien qui a un membre coupé suit son maître, l'agneau ne le peut pas. Le développement plus grand du lobule c_2 serait en rapport avec le caractère synergique des mouvements des membres, le développement plus grand du lobe ansiforme et du lobe paramédian avec une plus grande individualisation. C'est pourquoi la destruction de c_2 qui ne produit aucun symptôme chez le chien, se traduit chez l'agneau par une incapacité momentanée, mais complète, de se déplacer, tandis que l'extirpation isolée du lobe ansiforme d'un côté ne donne lieu à aucun trouble; par contre, après la destruction combinée de c_2 et du lobe ansiforme, on observe la démarche du coq dans la patte antérieure correspondante. Vincenzoni a confirmé les expériences de Van Rynberk sur ce point.

Les localisations établies par Van Rynberk pour le cervelet du chien ont été également vérifiées par Marassini et Luna ; cependant, d'après ces deux auteurs, les centres des membres antérieur et postérieur siégeraient seulement sur le segment interne du crus primum et du crus secundum. Luna a en outre obtenu la rétroflexion de la tête après extirpation du lobule simplex sur la ligne médiane. La doctrine des localisations cérébelleuses est encore acceptée par Hulshoff Pol; en supprimant le lobe médian postérieur il obtient, chez le chien, de l'incoordination des membres postérieurs; celle du lobe paramédian produit, outre les symptômes ataxiques, du pleurothotonos et une démarche spéciale qu'il appelle la démarche de parade; après la destruction du crus secundum du lobe ansiforme, il a observé de l'ataxie et la démarche du coq.

Les résultats des expériences de Rothmann sont encore plus précis que ceux des expériences précédentes. — Chez *le Chien*, la résection unilatérale du lobe quadrangulaire (sous cette appellation Rothmann comprend le *crus primum* du lobe ansiforme, tandis que le *lobe quadrangulaire* n'est en réalité que la partie latérale du *lobule simplex*, d'après la nomenclature de Bolk : il est vraisemblable que, dans l'expérience de Rothmann, la lésion a porté à la fois sur la partie latérale du lobule simplex et sur le crus primum), a pour conséquence des troubles localisés dans le membre antérieur correspondant. Ils consistent avant tout dans une déviation en dehors; le membre est lancé pendant la marche et l'animal ne le retire pas quand il pend en dehors de la table.

Des troubles semblables surviennent dans le membre postérieur homolatéral, lorsque la lésion porte sur le crus secundum du lobe ansiforme. La destruction du lobe paramédian, qui correspond d'après lui au lobe semi-lunaire inférieur, donne lieu à de la faiblesse dans la partie postérieure du tronc, surtout du côté opposé. Enfin la destruction de toute la formation vermiculaire est suivie d'une inclinaison et d'une rotation de la tête vers le même côté, avec des troubles de l'innervation de l'oreille homolatérale et une faiblesse considérable des muscles du tronc : les extrémités sont au contraire intactes.

L'attitude du membre qui plonge en dehors de la table n'est pas la même après une lésion cérébelleuse et après la destruction du centre cérébral du même membre : dans le premier cas, le membre est en flexion ; dans le deuxième, en extension.

Ces troubles diminuent progressivement d'intensité, mais ils sont encore décelables plusieurs mois après l'intervention.

Les lésions du vermis donnent également lieu à des troubles très différents, suivant qu'elles portent sur la partie antérieure et sur la partie postérieure. La destruction du lobe antérieur se

traduit par une forte astasie de la tête associée à des troubles de
la coordination des extrémités et à une forte courbure du tronc,
qui ne sont peut-être que la conséquence de l'instabilité de la
tête. Lorsque la section a porté sur la partie la plus antérieure
du lobe antérieur (celle qui plonge vers le IVe ventricule, c'est-
à-dire le lobe central) on constate des troubles dans l'innervation de la mâchoire et du larynx (Rothmann et Katzenstein). Le
jeu des cordes vocales est troublé : elles se mettent en abduction ; celle-ci se produit en trois ou quatre fois. L'occlusion de
la glotte n'est pas parfaite et les cordes vocales sont le siège
de secousses fibrillaires. Ces phénomènes prédominent très nettement dans la corde vocale du même côté. Les troubles laryngés
sont associés à des troubles du même ordre dans les muscles de
la mâchoire et de la langue.

Grabower, qui a répété les expériences de Rothmann et Katzenstein sur le larynx, n'a pu confirmer les résultats obtenus par
ces auteurs : bien qu'il admette en principe l'existence de centres
laryngés dans l'écorce cérébelleuse, ils ne siégeraient pas, d'après
lui, dans cette région. Les expériences de Grabower ont été à
leur tour critiquées par Rothmann, qui maintient ses résultats.

Ce même auteur a encore constaté que, quand on enlève simultanément les deux centres laryngés, le chien n'aboie pas pendant
plusieurs semaines. C'est un phénomène que l'un de nous a
signalé chez les chiens privés d'une grande partie du cervelet
(extirpation totale ou extirpation de toute une moitié).

Les troubles laryngés ne se rencontrent pas d'ailleurs exclusivement chez l'animal : ils ont été constatés chez l'homme. Un
malade de Royet et Collet, atteint d'atrophie du cervelet avec
sclérose des pédoncules cérébelleux moyens et des olives inférieures (vérifiée à l'autopsie), présentait, à côté d'un syndrome
cérébelleux typique, de la scansion de la parole et des troubles

laryngés consistant en un écartement très marqué des cordes vocales et en oscillations tout à fait analogues au tremblement.

Après la destruction de l'écorce du lobe médian postérieur, il se produit d'après Rothmann une atonie de tous les membres et un trouble dans l'innervation de la musculature du tronc, qui prédomine dans le segment postérieur. Lorsque la lésion atteint seulement le lobule simplex, on n'observe que du tremblement de la tête.

Chez *le Singe*, d'après Rothmann, les lésions limitées à l'écorce du lobe quadrangulaire occasionnent des troubles limités au membre antérieur homolatéral ; les mouvements de préhension de la main et des doigts sont maladroits et sont accompagnés d'un tremblement à fines secousses ; le bras se met en flexion exagérée. Ces phénomènes diminuent peu à peu, mais persistent encore au bout d'un mois ; ils sont plus marqués dans chaque membre lorsque les deux lobes quadrangulaires ont été détruits. La locomotion reste intacte. Lorsque la destruction porte sur le lobe semilunaire, des troubles semblables apparaissent dans le membre postérieur.

Dans une série de travaux plus récents et dans le rapport qu'il a présenté au congrès de Londres, Rothmann est revenu sur cette question des localisations cérébelleuses: il a pu délimiter des centres pour divers groupements musculaires du membre supérieur et du membre inférieur.

Quelques auteurs, et plus spécialement Lewandowsky, ont insisté sur les attitudes défectueuses que prennent les membres du même côté chez les animaux ayant subi une destruction du cervelet, ainsi que sur le manque de correction de ces mêmes attitudes, prises spontanément, ou artificiellement imprimées.

Le sens de ces attitudes varierait suivant le siège de la lésion. Ainsi, d'après Rothmann, après extirpation de la partie latérale du lobe quadrangulaire, le chien ne corrige pas le déplacement passif du membre supérieur en dehors et en avant, en dehors et en arrière, mais il corrige immédiatement le déplacement en dedans. Au contraire, si l'extirpation porte sur la partie médiane du même lobe, l'animal corrige tout déplacement passif en dehors, tandis que les déplacements en dedans, en avant ou en arrière ne sont pas corrigés. De même l'extirpation de la partie antérieure ou postérieure du lobe quadrangulaire donne lieu à un manque de correction du déplacement imprimé au membre antérieur de l'animal, soit en avant, soit en arrière.

Des résultats analogues sont obtenus pour le membre postérieur, suivant qu'on enlève les parties médianes ou latérales du crus secundum du lobe ansiforme.

Chez le singe, le même auteur n'a pu obtenir des troubles aussi localisés, il ne met cependant pas en doute l'existence de localisations dans l'écorce cérébelleuse, mais les phénomènes de déficit seraient moins durables chez le singe à cause de la plus grande suppléance exercée par le cerveau.

Le manque de correction des membres en dehors ou en dedans, en avant ou en arrière est un phénomène tout à fait comparable aux déviations observées par Barany dans l'épreuve de l'index chez des malades atteints soit d'une affection du cervelet, soit d'une lésion de voisinage ayant une répercussion sur cet organe.

Ce rapprochement sera mieux à sa place après la description de nos expériences personnelles, dont les résultats concordent en général avec ceux de ces deux auteurs.

2° Localisations établies d'après les phénomènes produits par les excitations du cervelet. — Nous serons plus brefs sur les tentatives que l'on a faites d'établir des localisations cérébelleuses, en utilisant les excitations physiques, chimiques ou électriques. En effet, l'accord n'est pas encore fait sur les résultats obtenus : les phénomènes observés dans ces conditions étant mis par certains auteurs sur le compte de l'excitabilité propre de l'écorce cérébelleuse, étant interprétés par d'autres comme des excitations dues à la diffusion. Pour les uns, l'écorce cérébelleuse est excitable ; pour les autres, elle ne l'est pas et seuls les noyaux centraux le sont.

Ferrier avait obtenu par l'excitation électrique du cervelet de divers animaux (singes, chiens, chats, lapins, pigeons, poissons). des contractions des muscles des yeux, et suivant les régions électrisées, des déviations à droite ou à gauche, en haut ou en bas. Les mouvements des membres toujours homolatéraux. spasmodiques et brusques, étaient difficiles à préciser. Des réactions oculaires ont été observées également par Mendelssohn. Dupuy.

D'après Wersiloff, le vermis supérieur agit sur les membres inférieurs, le vermis inférieur et postérieur sur les membres supérieurs, sur les muscles peauciers, les mouvements conjugués des yeux. Les excitations cérébelleuses s'accompagnent de mouvements nystagmiques dans les deux yeux, de la protusion ou de l'enfoncement du globe de l'œil, du clignotement des paupières.

Les effets obtenus par Prüss sont les suivants. — *Pyramide :* déviation de l'œil et de la tête du même côté et en bas, dilatation pupillaire homolatérale, élévation de l'épaule, flexion du coude et extension des doigts. — *Tuber du vermis :* rotation homolatérale de la tête de côté et en bas ; exophtalmie, mydriase, contraction des muscles de la nuque, du dos et des extenseurs de l'extrémité antérieure homolatérale. — *Déclive :* contraction des muscles du dos et surtout de la région lombaire, des extenseurs de l'extrémité postérieure. — *Culmen :* contraction des extenseurs de l'extrémité postérieure. — *Segment antérieur du monticule :* mouvement de la queue. — *Uvule :* extrémité antérieure, orcille et muscles extenseurs du dos. — *Lobe semi-lunaire inférieur*, déviation des yeux en bas et mouvement des épaules. — *Lobe semi-lunaire supérieur :* extension de la patte antérieure. — *Lobe quadrangulaire :* muscles des extrémités postérieures.

Les effets enregistrés par Negro et Roasenda sont plus conformes à ceux qui surviennent après la destruction des mêmes parties. L'excitation du *Crus primum* (chez le lapin) produit des contractions musculaires de la face et de la patte antérieure du même côté. Les localisations sont plus précises avec les courants unipolaires : le centre de la face est en avant de celui de la patte antérieure.

Lourié soutient, au contraire, que par les excitations électriques on ne peut démontrer l'existence de centres spéciaux. Quel que soit le territoire excité, il se produit des contractions dans tous les muscles du corps du même côté.

Horsley prétend que l'écorce cérébelleuse est inexcitable ; lorsque l'électrode est plongée de plus en plus profondément vers les noyaux centraux, l'excitation augmente, tandis que l'intensité du courant diminue. Les noyaux centraux seraient donc les véritables centres moteurs du cervelet; en repérant les régions excitées, Horsley et Clarke ont réussi à produire des effets variant avec le point excité. — *Partie supérieure du noyau dentelé :* déviation des yeux et de la tête du même côté. — *Région dorsale :* flexion du coude homolatéral. — *Région basale :* déviation de la tête et des yeux, flexion du coude homolatéral. Avec une excitation plus profonde dirigée vers les noyaux paracérébelleux : extension du coude contralatéral, hyperextension du coude et du tronc avec extension puissante des membres inférieurs; le membre antérieur homolatéral reste fléchi au niveau du coude, le membre postérieur est étendu sur le tronc.

En excitant des zones limitées de l'écorce cérébelleuse du

chien, principalement dans le territoire du lobe antérieur et du lobe quadrangulaire, Rothmann a provoqué des mouvements des doigts du membre antérieur homolatéral, isolés ou combinés avec des mouvements plus grossiers du même membre. — *Lobe antérieur :* mouvement de flexion des doigts. — *Partie inférieure du lobe quadrangulaire :* mouvement d'extension. — *Partie supérieure du lobe quadrangulaire :* mouvement d'écartement. Le rôle moteur de l'écorce cérébelleuse serait encore démontré, d'après Rothmann, par les expériences de Edinger et Schimazonos, qui augmentent le tonus musculaire du même côté du corps, en appliquant sur le cervelet des papiers imbibés de strychnine.

En injectant du curare dans diverses régions du cervelet, Pagano a produit, suivant la région injectée, des mouvements isolés du membre antérieur ou du membre postérieur. Lorsque l'excitation porte sur l'extrémité antérieure du vermis, l'animal hurle, s'agite, devient anxieux, les sphincters se relâchent et les phénomènes augmentent d'intensité sous l'influence des excitations périphériques et en particulier des excitations auditives : il s'agirait d'une sorte de strychnisme psychique.

En groupant et en examinant les résultats obtenus par divers auteurs, au cours de leurs expériences sur les excitations électriques de l'écorce ou des noyaux, il est bien difficile de se faire une idée exacte et de l'excitabilité propre de l'écorce cérébelleuse et des localisations cérébelleuses. Le principe même de l'excitabilité est discuté, puisque, pour quelques auteurs, les contractions observées ne sont que des phénomènes de diffusion ; et les effets diffèrent suffisamment suivant les expérimentateurs pour qu'on puisse mettre en doute la valeur des notions acquises par ce procédé sur la répartition des localisations cérébelleuses. Il est donc prudent de faire encore des réserves sur la démonstration apportée à la doctrine des localisations par la méthode des excitations.

Il n'en est pas de même des méthodes expérimentales de destruction. Les résultats concordent dans leur ensemble.

Il paraît bien établi qu'il existe des représentations spéciales dans l'écorce cérébelleuse pour le membre antérieur, pour le membre postérieur, pour les muscles du cou, les muscles du tronc; les renseignements fournis par cette méthode se superposent assez exactement aux prévisions physiologiques que Bolk a, en général, déduites de sa méthode de morphologie et d'anatomie comparée.

Cependant il y a lieu de remarquer que les destructions ne sont pas aussi circonscrites qu'elles le paraissent à un simple examen de l'écorce cérébelleuse (c'est un point que nous aurons encore à discuter); et d'autre part les localisations établies par Rothmann, d'après ses expériences sur le chien et davantage encore d'après celles qu'il a faites sur le singe, ne sont pas tout à fait identiques à celles de Bolk. Chez le singe, d'après Rothmann, le membre antérieur est représenté dans le lobe quadrangulaire; or le lobe quadrangulaire n'est que la partie latérale du lobule simplex (qui, d'après la conception de Bolk, est affecté à la musculature du cou). Peut-être ces divergences sont-elles explicables par le plus ou moins grand prolongement de la destruction dans la profondeur : lorsque la substance blanche a été entamée, alors même que les noyaux centraux sont intacts, la lésion atteint anatomiquement et fonctionnellement non seulement la région de l'écorce intentionnellement détruite, mais encore des régions voisines, dont les fibres de projection ont été interrompues. D'autre part, chez les primates et chez beaucoup d'animaux les limites anatomiques du lobule simplex et du crus primum du lobe ansiforme ne sont pas très tranchées; et peut-être existe-t-il encore une certaine indécision sur les limites des attributions physiologiques dévolues à ces deux zones. Il en est de même pour les formations vermiculaires, centres des muscles de la queue d'après Bolk, tandis que d'après Rothmann leur disparition entraîne des troubles de la motilité de la tête et du tronc.

En admettant des centres distincts pour les mouvements d'adduction, d'abduction, d'élévation et d'abaissement du membre antérieur, Rothmann a introduit une donnée nouvelle et de la plus haute importance, qui établit un trait d'union très intime entre la physiologie expérimentale et la clinique. Avant de nous y arrêter, nous exposerons nos expériences personnelles, au cours desquelles nous avons enregistré des faits du même ordre et aussi quelques faits nouveaux : nous examinerons ensuite toutes les déductions que l'on peut en tirer au point de vue physiologique et clinique.

DEUXIÈME PARTIE

RECHERCHES EXPÉRIMENTALES

TECHNIQUE

———

Nous avions primitivement l'intention de n'étudier dans ce travail que les phénomènes observés à la suite de destructions limitées du cervelet, sans nous préoccuper du siège exact des lésions, par conséquent de nous occuper davantage des localisations fonctionnelles que des localisations anatomiques. Cependant nous devions rapporter à titre d'exemple des expériences suivies d'autopsie et d'examen anatomique, que nous avions faites dans le courant de l'année précédente et qui nous avaient déjà fourni quelques indications au point de vue des localisations anatomiques, entre autres les deux expériences que nous avions exécutées sur des macaques et qui ont déjà fait le sujet d'un mémoire paru dans le journal *l'Encéphale* (1912).

Au cours de la correction des épreuves de ce travail, nous avons dû sacrifier quelques-uns des animaux que nous avions présentés à la séance de la Société de neurologie du 10 juillet 1913. Le temps nous a manqué pour faire un examen microscopique complet des centres nerveux; mais on trouvera à chacune de ces observations la photographie du cervelet et quelques renseignements sur l'étendue des lésions d'après l'examen de coupes macroscopiques très rapprochées. L'examen histologique sera fait ultérieurement.

Ces examens apportent une confirmation importante de nos premières recherches anatomiques, et en outre quelques constatations qui plaident en faveur de localisations très précises.

Notre technique opératoire ne diffère pas de celle employée par l'un de nous dans ses premières expériences [1].

Après anesthésie par la solution de chloral-morphine injectée dans la cavité péritonéale chez le chien, ou par l'éther chez le singe, la peau est complètement rasée sur la tête et la partie postérieure du cou. L'animal est dans le décubitus abdominal, les membres fixés, la tête fortement fléchie par un aide. La peau est incisée sur la ligne médiane, les muscles de la nuque également incisés et séparés sur le raphé médian; ils sont ensuite sectionnés transversalement à quelques millimètres au-dessous de leur insertion supérieure et bien symétriquement.

Les hémorragies sont arrêtées au moyen de tampons d'ouate, trempés dans l'eau chaude. L'occipital, bien dégagé et ruginé, est percé de trois petits trous au moyen d'une fraise; l'os est ensuite réséqué à la pince, le plus possible en dehors, lorsque l'on veut faire des lésions partielles des hémisphères. Ceux-ci sont suffisamment dégagés afin qu'il soit possible de découvrir la région que l'on veut extirper. Après ouverture de la dure-mère on introduit une petite curette tranchante ou un couteau de de Græfe, et on enlève un fragment d'écorce.

Après lavage à l'eau bouillie, la dure-mère est rabattue sur le cervelet, les muscles et la peau suturés. Pansement collodionné qui reste en place une dizaine de jours environ.

Il n'y a jamais de suppuration, et en respectant la protubérance occipitale ainsi que les sinus on n'a pas à redouter d'hémorragie grave.

1. André-Thomas, *le Cervelet*, 1897.

CHAPITRE PREMIER

RECHERCHES EXPÉRIMENTALES SUR LE CHIEN

Observation I : Chien *Rip*

Dès que l'animal est réveillé, ses membres antérieurs sont en extension, la tête est en opisthotonos et touche presque le train postérieur, le membre postérieur gauche est en extension, le membre postérieur droit en flexion et agité d'un tremblement qui semble augmenter à chaque inspiration. Avec ses pattes antérieures, il paraît essayer de rejeter le corps en arrière, le membre antérieur gauche se raidit davantage que le droit.

Lorsqu'on le soulève par la peau du dos, la tête se porte davantage en arrière, en hyperextension, les pattes s'accrochent à tout ce qu'elles rencontrent pour repousser le corps en arrière.

Les premiers jours, il est incapable de se lever et de se tenir debout, il reste couché sur le flanc, la tête rejetée *en arrière* et le corps en *opisthotonos* très marqué. Soulevé par la peau du dos, il est également incurvé de telle sorte que la concavité regarde à gauche. Reposé à terre il s'arc-boute avec ses pattes antérieures de manière à chasser le corps en arrière ; la tête est toujours en opisthotonos, les membres postérieurs en extension, placés sous l'abdomen. Toute cause d'irritation contribue à augmenter cette attitude.

Deux jours après l'opération, il commence à boire seul, couché soit sur le côté droit, soit sur le côté gauche.

Au cinquième jour, il essaie davantage de se lever, et il s'accroche avec ses griffes au parquet, mais il ne réussit pas à se tenir sur ses quatre pattes : celles-ci sont animées d'un tremblement fin et continuel. Le moindre attouchement provoque des mouvements très vifs, comme s'il existait une hyperesthésie généralisée. Est-ce parce qu'elle exécute plus de mouvements ou bien parce que le tremblement y est plus intense, la patte postérieure droite est plus chaude que les autres membres.

Quand on essaie de le mettre debout sur ses quatre pattes, il ne sait pas leur donner la position qui leur convient, il les groupe dans un espace très limité ; souvent même les pattes antérieures reposent sur la face dorsale. Les membres sont toujours en adduction et en extension.

Au dixième jour, ce chien n'a pas encore réussi à se lever, les pattes antérieures esquissent des mouvements de marche, les postérieures s'agitent sans mesure et sans coordination ; leurs mouvements sont sans signification, leurs efforts inutiles.

Cependant, si on l'excite en le frappant du pied sur le train postérieur, et en le poussant, il fait quelques pas mais pour tomber presque aussitôt *à la renverse* et *à gauche*.

Une quinzaine de jours après l'opération, la marche est déjà un peu meilleure ; mais les membres postérieurs se meuvent sans coordination ; ils paraissent ne plus pouvoir être mis en mouvement isolément : le plus souvent l'animal se déplace par *sauts* ou par *bonds*.

Au contraire, les membres antérieurs peuvent exécuter des mouvements isolés : le gauche est plus dysmétrique. Les tentatives ne sont pas très longues ; après avoir franchi quelques mètres, la chute se produit ; les pattes postérieures se fléchissent, le train postérieur s'affaisse, la tête se rejette en arrière.

Peu à peu la marche s'améliore, les chutes sont moins fré-

quentes ; elles ont toujours lieu en arrière et à gauche. Une vingtaine de jours après l'opération, les membres postérieurs commencent à se déplacer isolément, mais sans aucune mesure. Le
corps est, en outre, entraîné vers la gauche *(latéropulsion à
gauche)*.

Debout, sur les quatre pattes, le corps est animé d'*oscillations
longitudinales et transversales*, qui augmentent encore lorsqu'il
veut boire ou manger.

Vingt-cinq jours après l'opération, la *dysmétrie* est encore très

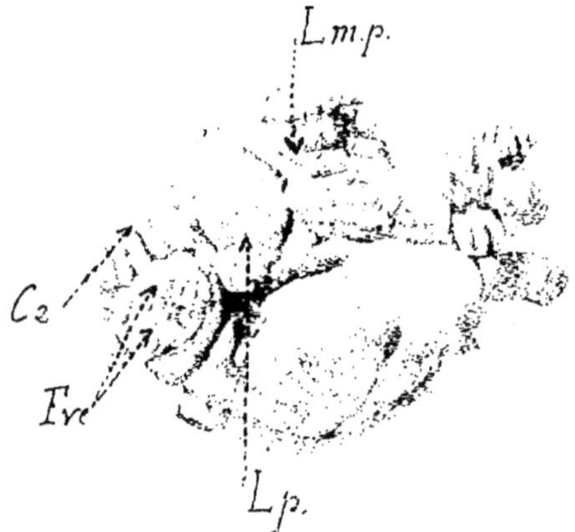

Fig. 13. — Cervelet de *Rip* (Vu par sa face inférieure).

Lésion siégeant sur le lobe médian postérieur L*mp* ; C*₂*, crus secundum du lobe ansiforme ; F*v*, formation vermiculaire : L*p*, lobe paramédian.

nette dans les membres postérieurs ; elle existe, mais moins marquée dans le membre antérieur gauche.

Lorsque l'animal se met à courir, le membre postérieur gauche
se porte trop en adduction et manque le sol, d'où la chute sur le
côté gauche. Au repos, les oscillations du tronc persistent et l'animal écarte ses deux pattes antérieures pour élargir la base de
sustentation.

Les réflexes tendineux sont forts et, fait assez singulier, la percussion des tendons du membre antérieur provoque des réflexes dans les deux membres ; il en est de même pour les membres postérieurs.

La percussion d'un point quelconque du thorax donne lieu à une flexion des quatre membres.

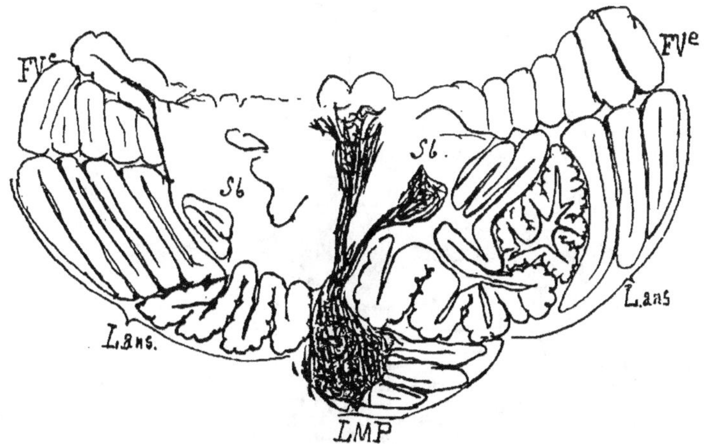

Fig. 14. — Cervelet de *Rip*.

Coupe passant par le lobe médian postérieur et les lobes latéraux, destinée à montrer la lésion de la substance blanche du lobe médian postérieur, sur toute l'étendue de son diamètre antéro-postérieur (à peu près au niveau du segment c. de la nomenclature de Bolk, c'est-à-dire de la pyramide).

FVe, formation vermiculaire ; L.ans. lobe ansiforme ; LMP, lobe médian postérieur ; Sb, substance blanche ; LP, lobe paramédian.

Les muscles de la colonne vertébrale sont toujours contracturés.

L'animal a été sacrifié le vingt-cinquième jour après l'opération.

Sur la photographie (*fig.* 13), on distingue l'endroit où a pénétré l'instrument tranchant : l'écorce du *lobe médian postérieur*

a été bouleversée, surtout dans la région c_1 et c_2 du schéma de
Bolk, c'est-à-dire au niveau de la pyramide ; mieux encore que la
photographie. les décalques de coupes macroscopiques (*fig.* 14,
15 et 16) montrent l'étendue de la lésion, qui est restée surtout
médiane, mais avec une légère prédominance sur le côté gauche

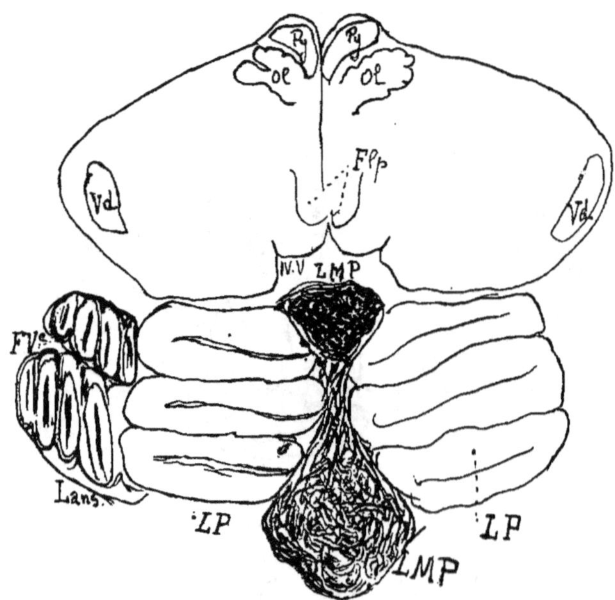

Fig. 15. — Cervelet de *Rip*.
Coupe passant par la partie moyenne du bulbe et les plans inférieurs du cervelet.
Lésion destructive portant sur les segments *a* et *b* du lobe médian postérieur (no-
menclature de Bolk, autrement dit sur le nodule et l uvule.

La substance blanche du lobe médian postérieur a été détruite
non seulement au niveau de c_1 et de c_2, mais encore au niveau
de *a* et *b*, c'est-à-dire dans des régions correspondant au nodule et à l'uvule. Il s'agit d'une vaste lésion corticale et sous-
corticale du lobe médian postérieur. Les hémisphères paraissent

avoir été relativement épargnés; cependant la substance blanche des hémisphères a été endommagée dans les plans inférieurs (*fig.* 14). La lésion sera d'ailleurs étudiée ultérieurement sur coupes microscopiques.

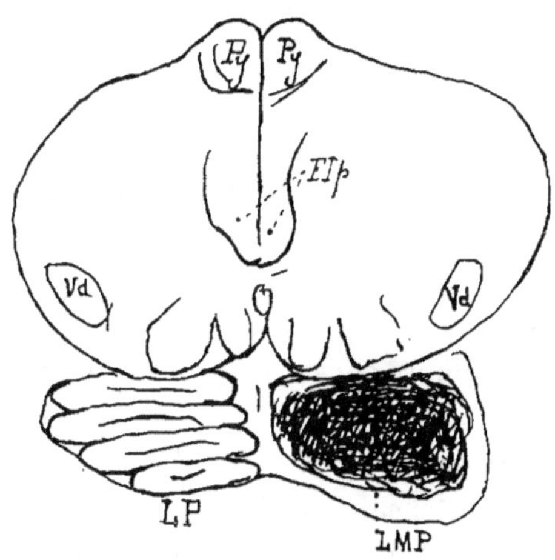

FIG. 16. — Cervelet de *Rip*.

Coupe passant par le tiers inférieur du cervelet. Lésion destructive de l'extrémité inférieure du lobe médian postérieur. — Cette coupe est légèrement oblique de haut en bas et de droite à gauche : c'est pourquoi le lobe paramédian (LP) n'est représenté qu'à droite.

En résumé : lésion du lobe médian postérieur, lésions hémisphériques très légères et circonscrites, en tout cas accessoires : les symptômes principaux sont des troubles de la statique et de l'équilibre (opisthotonos et chute en arrière). La dysmétrie des membres postérieurs peut être mise sur le compte de la lésion du lobe médian et de la partie adjacente de la substance blanche des lobes latéraux.

Observation II : Chien **Puck**

Après le réveil, il est couché sur le côté gauche, le membre antérieur gauche constamment en hyperextension ; quand on le soulève par la peau du dos, la tête se porte brusquement à droite et à gauche.

Le lendemain, on essaie de le mettre sur ses pattes, mais sans y réussir. Les pattes reposent souvent sur la face dorsale des orteils, et les griffes font une saillie exagérée. Suspendu par le dos il agite ses pattes en divers sens, et la tête tend à se mettre en hyperextension.

Au repos, les membres postérieurs restent en extension sous l'abdomen, puis les membres antérieurs se mettent en hyperextension et en s'arcboutant ils rejettent le corps en arrière ; la tête est également en extension forcée.

Souvent la tête est rejetée sur le côté et plus souvent du côté gauche que du côté droit ; le corps décrit alors une concavité orientée à gauche *pleurothotonos gauche*.

Pas de déviation des yeux, ni nystagmus.

Les jours suivants, l'attitude du tronc et de la tête persiste ; la tête est inclinée *à gauche*, en même temps elle subit un *mouvement de torsion*.

Lorsqu'on ramène la tête dans sa position normale par rapport à l'axe du corps, l'œil gauche apparaît dévié en dedans et en bas et est animé de secousses nystagmiques de haut en bas et de dehors en dedans.

Cinq jours plus tard, il commence à boire seul, la tête est animée d'*oscillations latérales* de droite à gauche très accentuées et d'autant plus fortes qu'elle s'approche davantage du but.

Pendant les essais de marche, on constate une *dysmétrie marquée dans les membres gauches*, qui ont en même temps une tendance à se mettre en *adduction* et en *flexion :* le corps est entraîné à gauche (latéropulsion gauche). Le mouvement forcé vers la gauche est parfois tel que l'animal décrit plusieurs cercles (mouvements de manège) avant de tomber sur le côté gauche.

Les pattes gauches (antérieure et postérieure) se posent souvent sur la face dorsale des orteils.

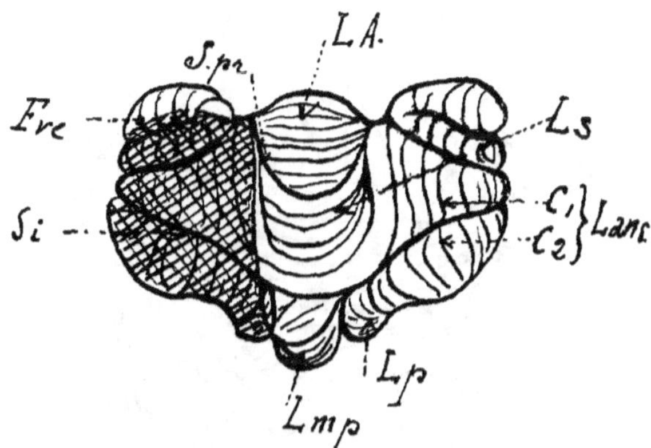

Fig. 17. — Lésion du cervelet de *Puck* (reportée sur le schéma de Bolk).

Destruction du lobe ansiforme (L*ans*), du lobe paramédian, de la partie latérale du lobule simplex (L*s*), et d'une partie de la formation vermiculaire (F*vc*).

La dysmétrie est telle que les pattes gauches restent deux ou trois fois plus longtemps en l'air que les pattes droites.

Les jours suivants, les mêmes troubles se voient encore, mais atténués.

Lorsqu'on met le chien sur le bord d'une table et qu'on laisse pendre les membres droits en dehors, il les remet aussitôt sur la table ; si, au contraire, ce sont les membres gauches qui pendent, ils restent dans cette position.

Quand on essaie de le faire marcher sur les deux pattes posté-

rieures, en saisissant les antérieures et en élevant le train antérieur, la patte droite seule fait des pas, la patte gauche n'avance
que si elle est entraînée par le train postérieur tout entier ou bien
encore lorsqu'elle doit se déplacer pour éviter la chute ; et encore
se fléchit-elle d'une manière exagérée et en faisant des pas trop
grands.

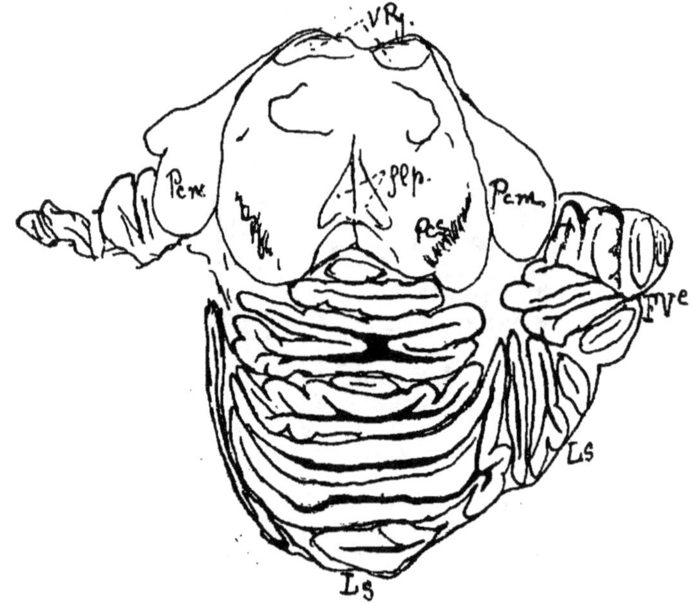

Fig. 18. — Cervelet de *Puck*.

Coupe passant par la partie supérieure de la protubérance et du cervelet. Lésion
destructive de la formation vermiculaire (Fve) et du lobule simplex (Ls).

En résumé, la patte postérieure gauche ne paraît progresser
que pour éviter la rupture de l'équilibre, pendant la marche
ou la station.

On note un phénomène identique quand on fait marcher l'animal sur ses pattes antérieures.

Le onzième jour, la marche et la course sont possibles ; la dysmétrie persiste; les membres gauches sont élevés d'une manière excessive, leurs enjambées sont irrégulières, les pattes ne se posent plus sur la face dorsale, mais sur la face palmaire.

Au quinzième jour, la dysmétrie persiste avec une certaine amélioration pour la patte postérieure gauche, sans changement pour l'antérieure. La tête oscille moins fort qu'au début.

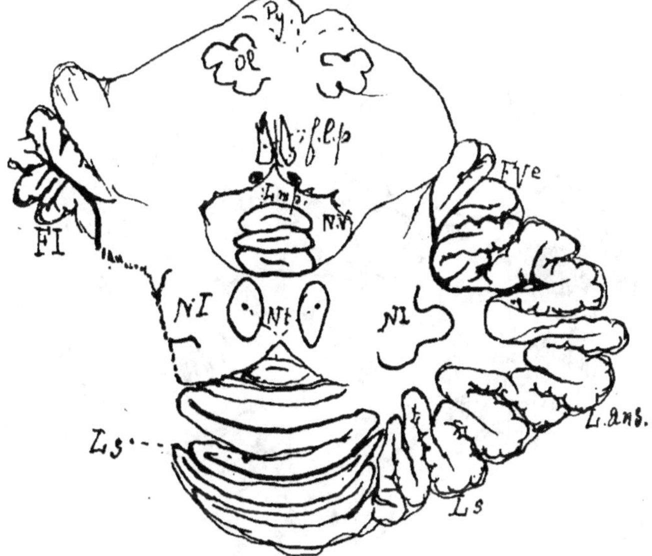

Fig. 19. — Cervelet de *Puck*.

Coupe passant par la partie supérieure du bulbe et le tiers moyen du cervelet. Destruction du lobe ansiforme (*Lans*) et du lobule simplex (*Ls*).

On note encore au vingt-troisième jour que si, pendant la station debout, on vient à saisir les deux membres droits et qu'on les élève au-dessus du sol, l'équilibre est instable, le corps est animé d'oscillations qui le forcent à modifier de temps en temps la position des pattes. Rien de semblable ne se produit si la suppression du point d'appui porte sur les pattes gauches.

L'animal est sacrifié le vingt-cinquième jour après l'opération.

Comme le montrent le schéma (*fig.* 17) et les coupes (*fig.* 18, 19 et 20) (le cervelet a été débité en coupes microscopiques sériées), il existe une grosse lésion de l'*hémisphère gauche* qui porte sur le *lobe ansiforme*, le *lobe paramédian*, la plus grande partie de la *formation vermiculaire*, la partie latérale du *lobule*

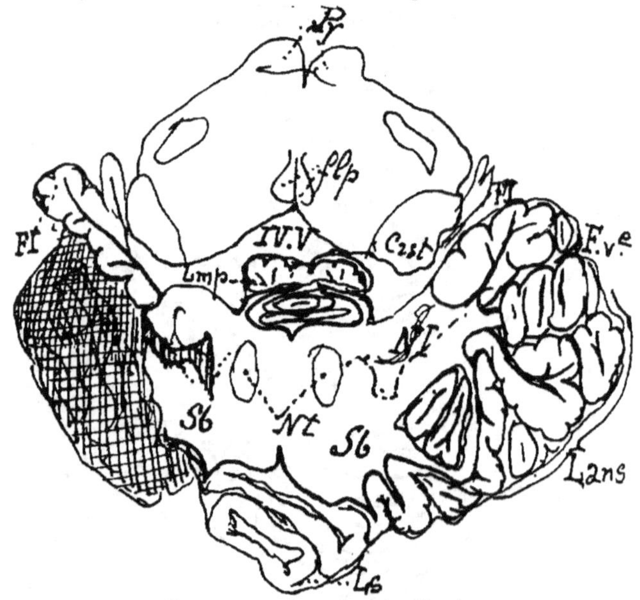

Fig. 20. — Cervelet de *Puck.*

Coupe passant par la partie moyenne du bulbe et par l'extrémité inférieure du lobule simplex. Lésion destructive du lobe ansiforme (L*ans*).

simplex. Le lobe médian a été épargné. La substance blanche correspondante à ces régions a été détruite. Le noyau latéral du côté gauche a été partiellement intéressé en bas et en dehors.

Les noyaux du toit ont été épargnés.

En resumé : lésion de l'hémisphère gauche et du lobule simplex ; dysmétrie dans les membres gauches, troubles de la statique de la tête et de l'équilibre (ces derniers dépendent en grande partie de l'instabilité de la tête).

OBSERVATION III : Chien **Black**

Nous avons observé après le réveil de légers mouvements oscillatoires de tout le tronc surtout marqués lorsque l'animal veut s'alimenter; ils ont eu une courte durée.

Lorsqu'on le soulève par la peau du dos, on constate une légère déviation de la tête à gauche.

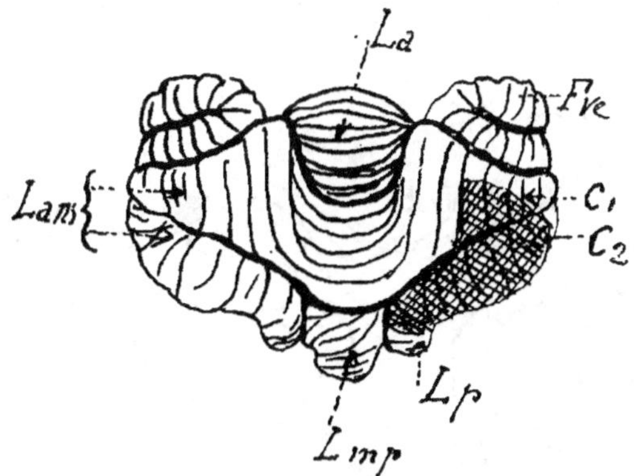

FIG. 24. — Lésion du Cervelet de *Black* (reportée sur le schéma de Bolk).

Destruction du crus secundum du lobe ansiforme C_2 et de la partie externe et inférieure du crus primum C_1. — Le lobe paramédian (Lp) a été légèrement atteint dans sa partie supérieure.

Mais ce qui attire surtout notre attention, c'est la *dysmétrie* considérable de la patte antérieure droite.

Celle-ci se porte beaucoup trop haut pendant la marche et présente une tendance nette à s'élever en *extension* et en *abduction*.

La patte postérieure est aussi le siège de troubles dysmétriques, mais elle est moins atteinte que la patte antérieure; elle présente une tendance marquée à se mettre en *abduction*.

Si l'on maintient l'animal sur le bord de la table de manière

à ce que ses deux pattes droites pendent dans le vide, la postérieure seule est ramenée sur le plan de la table; il ne corrige
pas la position de la patte antérieure.

Tous ces troubles se sont améliorés très rapidement; mais, au
moment de le sacrifier, quinze jours après l'intervention, on peut
encore observer de la dysmétrie, surtout dans la patte antérieure droite.

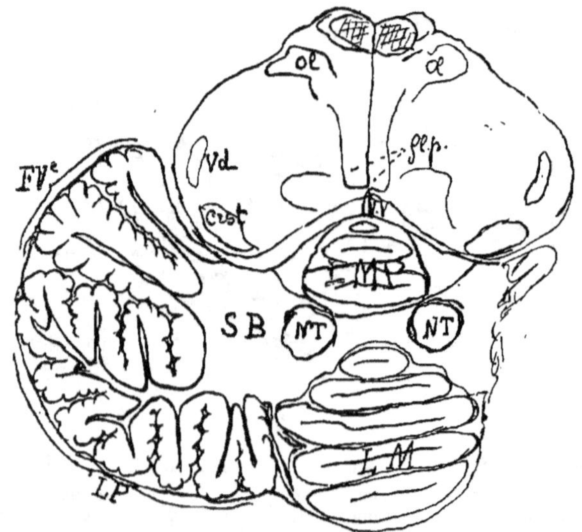

FIG. 22. — Cervelet de *Black*.

Coupe passant par le tiers inférieur du cervelet. Destruction du lobe paramédian (LP)
dans sa partie supérieure. Destruction de la formation vermiculaire (FVe) dans presque
toute sa moitié inférieure.

L'examen de l'encéphale nous a montré une lésion que nous
avons schématisée sur la figure 21. En haut la résection a profondément entamé à droite le *crus primum* du lobe ansiforme dans
sa partie externe et inférieure, en bas elle s'est étendue jusqu'au
lobe paramédian qu'elle a endommagé dans sa partie supérieure.

En dehors le *crus secundum* du lobe ansiforme est complètement détruit, tandis qu'en dedans la lésion s'étend jusqu'au lobule simplex qu'elle respecte intégralement. La moitié supérieure de la formation vermiculaire a été respectée.

Des coupes macroscopiques (*fig.* 22 et 23) pratiquées horizontalement ont confirmé la topographie de la lésion et ont permis

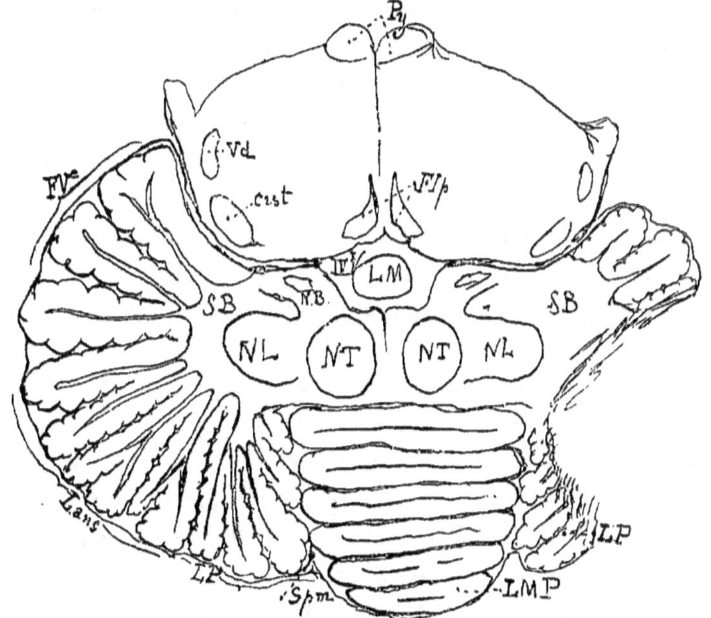

Fig. 23. — Cervelet de *Black*.

Coupe passant au niveau du tiers moyen du cervelet. — Destruction du lobe ansi-forme (*Lans*). Intégrité partielle de la formation vermiculaire FVe et du lobe paramé-dian (LP).

d'apprécier son étendue en profondeur. La substance blanche a été assez largement endommagée, mais les noyaux gris ne paraissent pas touchés (cette pièce sera coupée ultérieurement en série).

En résumé : lésion du lobe ansiforme droit empiétant sur la formation vermiculaire et le lobe paramédian ; troubles moteurs dans les membres droits, surtout l'antérieur.

Observation IV : Chien **Marius**

Avant que l'animal ne soit complètement réveillé, les membres droits, et davantage le postérieur, sont le siège d'un tremblement intermittent. Par intervalles surviennent également quelques secousses dans le membre antérieur droit.

Pendant les premières heures qui suivent l'opération, il existe une légère déviation de la tête vers la droite et une tendance des membres droits à rester en *adduction*.

Pendant les premiers essais de marche, qui ont lieu quelques heures après l'opération, les membres du côté droit s'élèvent plus haut et plus brusquement que ceux du côté gauche ; la *dysmétrie* est donc très nette, mais elle prédomine manifestement dans le membre antérieur, qui à chaque pas se fléchit d'une manière exagérée dans tous ses articles.

Au repos, la tête s'incline à droite et en même temps subit un certain degré de rotation ; l'occiput est tourné à droite et le museau à gauche, mais il n'existe pas de déviation des yeux.

Cette attitude de la tête s'est maintenue quelques jours ; d'ailleurs, quand on la porte en rotation forcée vers la droite, elle revient plus lentement vers la ligne médiane que si on l'a mise en rotation forcée vers la gauche.

L'animal étant couché sur le dos, on place ses membres postérieurs dans des attitudes diverses ; le membre gauche les corrige immédiatement ; le membre droit les corrige moins complètement et moins vite.

Mais avant tout on est frappé dès le début par une *passivité* très grande du membre antérieur droit. On peut le déplacer en dedans, en dehors, en avant, en arrière, sans que l'animal corrige l'attitude qu'on lui a donnée ; au contraire, à gauche, la correction se fait immédiatement.

Un peu plus tard, en répétant les mêmes expériences, on note que si après avoir mis les membres antérieurs en extension forcée,

Fig. 24. — Les deux mains sont fléchies sur les avant-bras. Les membres antérieurs sont élevés au-dessus du sol.

on les lâche, le membre antérieur droit se fléchit et se porte en *adduction* plus brusquement que le gauche. D'ailleurs, au repos, le membre antérieur droit reste en *adduction*, la main *fléchie* sur l'avant-bras.

Quand l'animal est assis, si on élève alternativement la patte antérieure droite et la patte antérieure gauche, la première reste en l'air un certain temps, tandis que l'autre retombe immédiatement. Si, l'animal étant encore dans la même position, ou vient à porter fortement la tête en arrière, la patte antérieure droite abandonne le sol et se porte en avant.

Au bout de plusieurs semaines, le phénomène ne se produit

Fig. 25. — La main droite retombe sur la face dorsale,
la gauche sur la face palmaire.

plus, mais on constate qu'il est plus facile de soulever la patte droite que la patte gauche, on éprouve moins de résistance. On remarque encore que si on met la patte antérieure droite en flexion sur l'avant-bras elle revient moins vite à sa position normale que la gauche ; et au début l'animal ne corrigeait pas ce déplacement.

Le même phénomène peut être mis en évidence grâce à la

manœuvre suivante : le chien étant assis ou sur ses quatre pattes, les deux mains[1] sont fléchies sur les avant-bras et légèrement élevées au-dessus du sol ; on abandonne alors les deux membres simultanément : la *main gauche* retombe sur la *face palmaire*, la *main droite* sur la *face dorsale* (*fig.* 24 et 25).

Fig. 26. — Attitude de la patte antérieure droite de *Marius* les premiers jours qui suivent l'intervention.

Si l'on fait pendre en dehors de la table ses deux pattes droites, se de la patte postérieure est reportée sur le plan horizontal. Le membre antérieur tout entier plonge dans le vide, la main fléchie sur l'avant-bras.

Au début le phénomène se produisait quand les membres étaient abandonnés à une très grande distance du sol. Quelques semaines plus tard, le phénomène ne se produisait plus qu'à la

1. Il arrivera fréquemment qu'au cours de ce travail nous emploierons les termes main, pied, coude, etc., pour désigner les parties correspondantes chez le chien. Cette terminologie facilite et précise l'exposition des faits.

condition de lâcher les membres à quelques centimètres au-
dessus du sol, et le plus souvent après être tombée sur la face
dorsale, la main droite se corrigeait et se portait sur la face
palmaire. Il n'y avait plus que du retard.

La même passivité s'observe dans les doigts de la main
droite : écartés, ils restent en abduction beaucoup plus long-

Fig. 27. — Attitude de la patte antérieure droite de *Marius*
deux semaines après l'intervention.

L'animal, au lieu de laisser le membre antérieur plonger tout entier dans le vide,
comme sur la figure précédente, ramène le coude sur la table et ne laisse plonger que
sa main droite.

temps que ceux de la main gauche, même dans la station
debout.

A ce propos, nous signalerons un réflexe assez particulier
constaté dans les circonstances suivantes : quand on frappe brusquement avec le poing sur la table où repose l'animal, celui-ci

étant dans le décubitus abdominal ou assis, il se produit une abduction des doigts (éventail) plus accusée à droite et sur le dernier doigt ; avec la répétition de l'excitation, les réactions s'émoussent.

Quand on met l'animal sur le bord de la table et qu'on laisse pendre en dehors les deux membres du même côté, ceux du côté gauche reprennent immédiatement leur place sur la table, il en est de même du membre postérieur droit, tandis que le membre antérieur droit *plonge* en entier dans le vide mais néanmoins avec un léger degré de flexion (*fig.* 26). La même expérience répétée quelques jours plus tard, et, encore actuellement, donne des résultats un peu différents ; l'animal remet son coude sur la table, mais la main continue à rester dans le vide ou revient très tardivement sur le plan horizontal (*fig.* 27).

Lorsque la main est mise en extension forcée sur l'avant-bras puis abandonnée à elle-même, le mouvement de flexion qui se produit alors est plus prononcé et plus rapide à droite ; au contraire, si les mains ont été mises en flexion, la main droite revient moins vite et à un degré beaucoup plus faible en extension. D'ailleurs la main droite offre plus de résistance à l'extension forcée que la gauche.

Pendant les quinze premiers jours, l'animal ne retirait pas sa main droite quand on piquait ou percutait sa face dorsale, tandis que la main gauche était aussitôt retirée.

Cette passivité du membre antérieur droit surtout marquée *dans l'adduction* et la *flexion* était telle que pendant les premiers jours *la main droite pouvait être introduite dans la gueule de l'animal sans qu'il corrige cette attitude bizarre* (*fig.* 28).

Pendant les premiers jours également la tête tournée à gauche revenait rapidement vers la ligne médiane, au contraire tournée à droite elle revenait lentement et incomplètement.

Ce qui persiste encore, c'est la facilité avec laquelle plusieurs semaines après l'opération on met le membre antérieur droit en

Fig. 28. — Attitude artificielle conservée par *Marius*, montrant la passivité du membre antérieur droit en flexion et en adduction.

flexion et en adduction, c'est-à-dire la passivité dans certaines positions, tandis que les autres déplacements sont corrigés, et nous ferons remarquer à ce sujet que par le terme de passivité nous comprenons l'absence de correction de l'attitude donnée et le manque de résistance des muscles antagonistes à ce déplacement. On remarque encore actuellement que la tendance de la main droite à rester en flexion se complique d'une tendance des doigts à se mettre en extension et abduction.

Lorsque le membre antérieur droit est porté en arrière le long du tronc, il est ramené en avant par une flexion très forte du bras qui donne *l'apparence a'une décomposition de mouvements*.

Quatre mois plus tard on note encore la dysmétrie du membre antérieur droit pendant la marche (flexion exagérée); elle est même plus marquée pendant la marche que pendant la course, c'est une particularité que nous avons constatée plusieurs fois. L'adduction est moins rapidement et moins complètement corrigée par le membre antérieur droit : l'abduction est un peu moins bien corrigée à droite qu'à gauche. Persistance de l'abduction et de l'extension des doigts, de la flexion de la main. On éprouve moins de résistance à porter le coude droit d'arrière en avant que le coude gauche. L'animal soulevé sur ses deux membres antérieurs en flexion et abandonné à lui-même, la main droite tombe sur sa face palmaire, en retard sur la main gauche.

Les troubles constatés pendant les premiers jours dans le membre postérieur droit ont disparu assez rapidement.

En résumé: Localisation des troubles moteurs dans le membre antérieur droit. Passivité plus grande dans l'adduction et la flexion (et surtout la flexion de la main sur l'avant-bras). Résistance diminuée pour les extenseurs de la main; résistance augmentée pour les fléchisseurs.

La destruction a porté sur le lobe ansiforme droit (Pas de contrôle anatomique : animal encore en vie).

Observation V : Chienne *Mirza*

Le jour même de l'opération, après le réveil, l'animal tend à rester immobile : les membres postérieurs sont contracturés en flexion et davantage le droit que le gauche.

Fig. 29.

Si on suspend l'animal par la peau du dos, les membres antérieurs se mettent en extension, les pattes postérieures sont en flexion et repliées sous l'abdomen. La tête est inclinée vers la droite ; l'œil droit est dévié en dehors et légèrement en bas, pas de nystagmus.

Le lendemain de l'opération, elle commence à marcher et décrit des mouvements de manège dans le sens des aiguilles d'une montre, sans tendance à tomber ni d'un côté ni de l'autre. La tête est inclinée à droite avec un mouvement de rotation tel que l'occiput est à droite et le museau à gauche, l'œil droit dévié en dehors et en bas. Ces mouvements de manège ne

Fig. 30.

se sont reproduits que deux fois; l'animal marche ensuite à peu près suivant la ligne droite.

Pendant la marche, dysmétrie marquée dans les membres droits avec prédominance marquée pour le membre postérieur.

Au membre antérieur, c'est la flexion de l'avant-bras sur le bras qui est exagérée, tandis que *la main reste en extension* sur l'avant-bras (c'était le contraire chez le chien **Marius**). En outre il y a une adduction constante de ce membre. Il arrive parfois que le membre antérieur droit ne repose sur le sol que par l'extrémité des doigts (*fig.* 29) ou bien encore qu'il s'appuie sur la face dorsale de la main.

Au membre postérieur, il y a exagération des mouvements de flexion et d'extension ; de plus, le pied droit glisse et repose sur la face dorsale, il est parfois traîné dans cette attitude.

Fig. 31.

Cet animal étant placé dans le décubitus abdominal, le membre antérieur est saisi et porté successivement en avant, en arrière, (*fig.* 33), la face dorsale de la main sur le sol, sans qu'il corrige l'attitude, ou bien il corrige très lentement (*fig.* 30). Le déplacement *en dehors* est un peu moins facile que le déplacement *en dedans*, et relativement mieux corrigé.

En ce qui concerne le membre postérieur, la passivité est

encore plus grande, et on peut atteindre le maximum d'adduction

Fig. 32. — Attitude de *Mirza* montrant la passivité en abduction de la patte antérieure droite et la passivité en adduction de la patte postérieure droite, qui, en passant sous l'abdomen, apparaît sur la photographie à gauche de l'animal.

Fig. 33. — Attitude de *Mirza* montrant la passivité extrême des membres droits qui, allongés le long du corps, n'ont aucune tendance à corriger l'attitude.

(*fig.* 31 et 32), d'abduction, de flexion et d'extension (*fig.* 29 et 33): la correction de l'attitude artificielle fait complètement défaut.

Dans la position assise, on soulève plus facilement le membre antérieur droit que le gauche. Si on met la tête en hyperextension le même membre abandonne le sol, se porte en avant et légè-

Fig. 34.

rement en adduction (*fig.* 34). On peut faire reposer la main droite sur la face dorsale (*fig.* 30).

Placé sur le bord d'une table, les deux pattes droites pendent en extension (*fig.* 35), et l'animal ne fait aucune tentative pour les ramener sur la table; à gauche, la correction est instantanée.

Si on saisit les membres antérieurs et qu'on les porte légèrement en avant, on remarque que la flexion passive des deux mains est suivie d'une extension, plus ample et plus brusque à droite qu'à gauche ; au contraire l'extension passive provoque une flexion moins grande et moins rapide à droite (le contraire de ce que nous avons observé chez le chien **Marius**).

Fig. 35.

Influence du décubitus latéral et de la rotation de la tête sur l'attitude des membres. — Dans le décubitus latéral droit, les membres droits sont en extension ; dans le décubitus latéral gauche, ils reviennent en flexion (*fig.* 36 et 37).

Dans le décubitus dorsal, la tête et le corps maintenus dans le même axe longitudinal, les membres se trouvent dans une position symétrique. *Pendant la rotation de la tête, le museau tourné à gauche :* extension du membre antérieur droit surtout marquée pour la main et l'avant-bras (*fig.* 38). *Rotation de la tête à droite :* le membre postérieur droit se met en extension, l'antérieur revient en flexion (*fig.* 39); dans ces deux expériences, les

Fig. 36. — Décubitus latéral gauche. Membres droits en flexion.

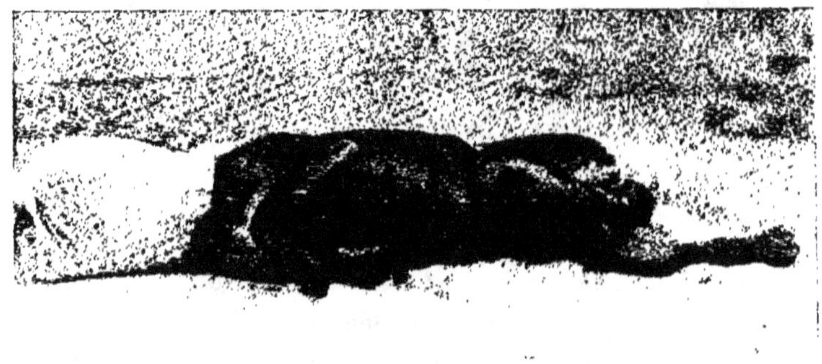

Fig. 37. — Décubitus latéral droit. Membres droits en extension.

membres du côté droit résistent davantage à la flexion passive que ceux du côté gauche. D'ailleurs il en est de même lorsque les membres sont en extension pendant le décubitus latéral droit.

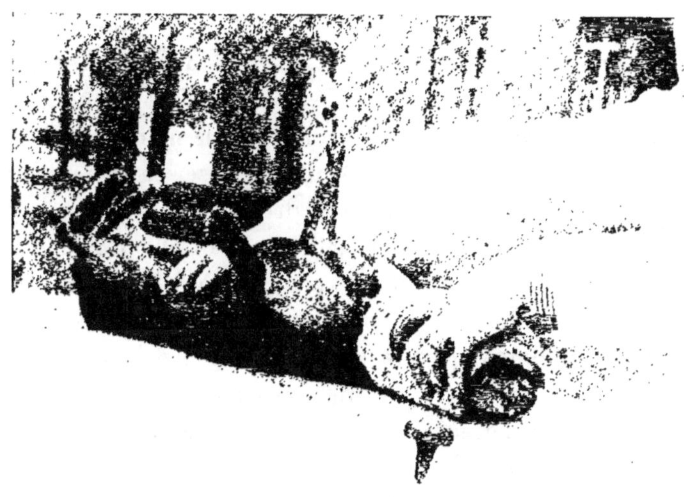

Fig. 38.

Fig. 39.

et, dans cette dernière position, l'extension des membres disparaît quand on fait tourner la tête.

Si on essaie de la mettre debout sur ses deux pattes postérieures, elle ne sait pas se servir de la droite. Inversement, si on saisit et si on élève les pattes postérieures de manière à la faire tenir sur les antérieures, elle ne sait pas poser sa patte droite.

Le réflexe du genou est exagéré à droite. Si on ramène le pied sur la face antérieure de la jambe, il se produit ensuite un mouvement inverse plus brusque et plus prononcé à droite qu'à gauche.

On la fait basculer sur un plan mobile autour d'un axe horizontal, de telle manière que la tête s'abaisse ou s'élève; dans le premier cas, les pattes droites glissent en avant; dans le deuxième cas, elles glissent en arrière. Si l'inclinaison est très lente, la main droite se décolle progressivement et se soulève bien avant la main gauche; alors, si on fait une inclinaison en sens inverse, la main droite reprend contact avec le sol plus tard que la gauche.

Pendant plusieurs semaines, la *dysmétrie* persiste encore très prononcée dans les deux membres droits et le membre antérieur est toujours en *adduction*. Au membre antérieur droit, la dysmétrie porte surtout sur les mouvements du bras, moins sur la flexion de l'avant-bras. La main est en extension sur l'avant-bras.

Au membre antérieur, l'animal corrige *moins vite l'adduction* que l'abduction. Au membre postérieur, l'adduction et l'abduction sont moins vite corrigées que l'extension et la flexion. L'influence de la rotation de la tête existe encore, mais à un degré beaucoup moins marqué; les expériences sur le plan mobile donnent à peu près les mêmes résultats.

Placés en dehors de la table, les membres droits étendus plongent dans le vide.

Quatre mois après l'opération, on trouve encore, mais à un

degré moins accentué, les troubles précédemment signalés : la dysmétrie des membres droits pendant la marche, l'élévation exagérée du membre antérieur qui est en même temps en adduction : la correction moins facile et moins prompte des attitudes artificielles, surtout de l'adduction au membre antérieur.

Dans le décubitus latéral droit, les membres droits sont toujours en extension.

La rotation de la tête à gauche (l'animal étant couché et maintenu sur le dos) produit à droite l'extension de la main sur l'avant-bras. La rotation de la tête à droite produit une légère extension du pied droit sur la jambe et une plus grande résistance à la flexion.

En résumé : Troubles beaucoup plus intenses et plus étendus que chez **Marius,** *dus sans doute à une destruction plus vaste. Au début quelques troubles dans l'orientation du corps, mais ils sont très éphémères, et les symptômes persistent seulement dans les membres droits, davantage dans le membre postérieur que dans le membre antérieur.*

A noter dans le membre antérieur la passivité plus grande dans le sens de l'adduction; la passivité plus grande de la main dans le sens de l'extension; résistance diminuée des fléchisseurs de la main, résistance augmentée des extenseurs.

Au membre postérieur, passivité plus grande dans le sens de l'abduction et de l'adduction que dans le sens de la flexion et de l'extension.

Influence manifeste de la position de la tête sur le tonus des muscles à droite. Stabilité moins grande des membres droits dans les déplacements du plan de sustentation.

Destruction portant sur le lobe latéral droit (Pas de contrôle anatomique : animal encore en vie).

Observation VI : Chien **Médor**

Le jour même de l'intervention, quelques heures après son réveil, **Médor** se lève et se met à *tourner en rayon de roue*, dans le sens des aiguilles d'une montre, autour d'un axe qui passe tantôt par le train postérieur, tantôt par le train antérieur. Dans tous ces mouvements, ce qui frappe le plus, c'est la *dysmétrie* considérable de la patte antérieure droite. L'animal l'élève beaucoup trop haut et il la fléchit plus qu'il ne faut normalement. L'œil droit est dévié en dehors et en bas.

En étudiant d'abord les mouvements gyratoires, nous avons noté, deux jours après l'intervention, un certain nombre de particularités.

A ce moment, c'était le train postérieur qui tournait autour du train antérieur ; quand on abaissait la tête de l'animal, il tournait beaucoup plus vite que si on la mettait en extension.

Si on ne laissait reposer le chien que sur ses deux pattes antérieures en le soulevant par les pattes postérieures, il cessait d'exécuter les mouvements gyratoires. Au contraire, si on le soulevait par le train antérieur, le train postérieur se mettait à tourner dans le sens des aiguilles d'une montre. Il paraissait donc évident que le mouvement se passait dans le train postérieur ; on remarquait en outre que toute la moitié postérieure du corps avait une tendance à tomber du côté gauche, que la patte postérieure droite se soulevait plus facilement au-dessus du sol, comme si l'animal s'appuyait moins sur elle, et qu'elle se trouvait souvent en *abduction*.

On n'observe aucune dysmétrie aux pattes postérieures ; il n'y a pas de passivité plus grande à droite qu'à gauche.

Au contraire, la dysmétrie du membre antérieur droit était des plus nettes pendant la marche et elle paraissait prédominer sur les fléchisseurs et les abducteurs (*fig.* 40).

De toutes les pattes, mises alternativement en dehors de la table, seule la patte antérieure droite reste pendante dans le vide, la main fléchie sur l'avant-bras.

Dans les jours qui suivent, les mouvements passifs de flexion

Fig. 40.

et d'extension sont plus facilement exécutés sur la patte antérieure droite. Elle corrige moins vite à droite qu'à gauche les déplacements en dehors.

Par moments, il existe encore de la dysmétrie dans la patte antérieure droite, et également par intermittences réapparaissent les mouvements de rotation précédemment signalés ; en particulier quand l'animal baisse la tête pour boire.

La dysmétrie du membre antérieur persiste indéfiniment et peut être encore constatée quatre mois après l'opération. De même le déplacement de la main en dehors se fait sans résistance et n'est pas corrigé.

On se rend compte à cette époque que la passivité en dehors

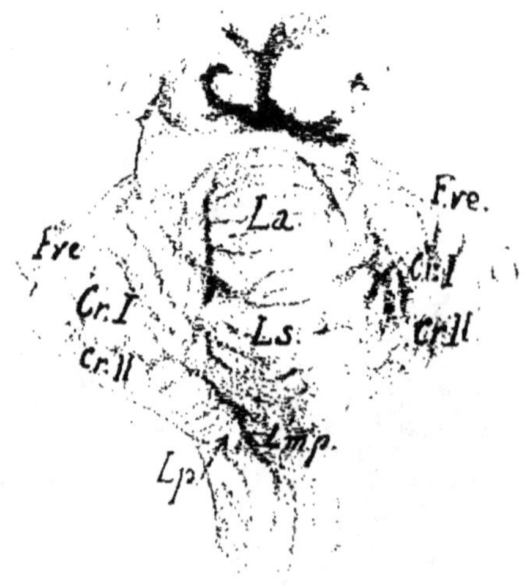

Fig. 41. — Cervelet de *Médor*.

Lésion destructive siégeant à droite sur le crus primum (CrI) et le crus secundum (CrII), ainsi que le lobe paramédian (Lp). Intégrité du vermis (La, Lmp) et de la formation vermiculaire (Fre). Lésion accidentelle dans les tubercules quadrijumeaux.

de la main droite est due surtout à ce fait que le coude se porte en dedans par un mouvement de rotation ; on éprouve plus de peine à le détacher du thorax que le gauche. La flexion exagérée de l'avant-bras sur le bras persiste.

En résumé : Perturbation surtout marquée au début dans l'orientation du corps. En ce qui concerne les membres : localisa-

tion des troubles dans le membre antérieur droit. Dysmétrie. Passivité plus grande dans le sens de la rotation en dehors.

Ce chien est sacrifié un peu plus de quatre mois après l'opération.

Examen macroscopique : lésion corticale occupant *le crus primum du lobule ansiforme, la partie supérieure du lobe paramédian,* endommageant *le lobule simplex.* Le crus secundum du lobe ansiforme a été beaucoup plus respecté. Sur les coupes macroscopiques la substance blanche a été assez superficiellement atteinte. Pas de lésions des noyaux gris centraux. Il existe en outre une lésion ayant détruit en partie le tubercule quadrijumeau postérieur droit et endommagé les deux tubercules quadrijumeaux antérieurs (*fig.* 41); le pédoncule cérébelleux supérieur droit ne paraît pas avoir été coupé.

L'examen histologique sur coupes sériées sera fait ultérieurement.

OBSERVATION VII : Chien *Sultan*

Chez le chien **Sultan**, le lendemain de l'opération, la tête est orientée en arrière, l'œil droit regarde en bas et en dedans, l'œil gauche en bas et en dehors.

Aux membres antérieurs, la *dysmétrie* pendant la marche est très peu marquée; il en est de même pour les membres postérieurs.

Le membre antérieur droit, examiné le lendemain, corrige tous les déplacements soit en dedans, soit dans le sens de la flexion ou de l'extension; il ne corrige pas ou *il corrige en retard* les déplacements en dehors et en arrière.

Quand on met le membre antérieur droit en abduction, la résistance est très inférieure à celle du membre gauche dans la même manœuvre.

Le coude droit est porté plus facilement que le coude gauche en dehors et en avant par un mouvement de rotation. Il offre moins de résistance et reste facilement dans cette attitude qu'il prend parfois spontanément.

L'hyperextension de la tête n'entraîne aucune modification dans l'attitude des membres.

Plongeant en dehors de la table, le membre antérieur droit n'est pas ramené sur elle, lorsqu'il pend en entier; au contraire, si la main seule est amenée en dehors de la table, l'attitude est aussitôt rectifiée.

Aux membres postérieurs, l'abduction est un peu moins bien et moins vite corrigée à droite qu'à gauche ; si on rapproche les deux membres postérieurs et qu'on les abandonne ensuite à eux-mêmes, le droit revient un peu plus vite en abduction que le gauche. Ce phénomène se voit surtout bien quand l'animal est couché sur le dos.

Les jours suivants, les mêmes phénomènes peuvent être constatés, mais s'atténuent. Bientôt on n'observe plus rien au membre postérieur ; ce qui persiste, c'est la moins grande résistance à l'abduction du membre antérieur droit et la rotation du coude d'arrière en avant.

Plusieurs semaines après l'opération, les troubles persistent encore, mais très atténués.

Quatre mois après l'opération, on constate encore une correction moins rapide de l'abduction et surtout la facilité avec laquelle on fait tourner le coude d'arrière en avant. Quand on observe le chien à l'arrêt, on remarque souvent que le coude se porte spontanément dans cette direction.

En résumé : Passivité plus grande dans le sens de l'abduction, surtout pour le membre antérieur.

Résistance diminuée des adducteurs ; résistance augmentée des abducteurs.

Destruction portant sur le lobe ansiforme droit (Pas de contrôle anatomique : animal en vie).

Observation VIII : Chien *Bob*

Dès le lendemain de l'opération, on remarque, pendant la marche, que *Bob* lève plus brusquement, beaucoup plus haut et

Fig. 42. — Photographie montrant la dysmétrie en adduction de la patte antérieure droite de *Bob*, les premiers jours qui suivent l'opération.

porte plus en adduction la patte antérieure droite. L'adduction est tellement marquée qu'il arrive quelquefois que la patte droite, en s'abaissant, se pose sur les doigts de la patte gauche ou croise cette dernière en se plaçant au-devant d'elle (*fig.* 42 et 43). Pendant la marche lente l'élévation du membre antérieur droit dure plus longtemps que celle du membre antérieur gauche.

FIG. 43. — Attitude de la patte antérieure droite de *Bob*,
quinze jours après l'intervention.
La dysmétrie en adduction est moins considérable que sur la figure précédente.

Nous n'avons constaté chez cet animal ni troubles de l'équilibre ni inclinaison de la tête, et les troubles dysmétriques ont été dès le début strictement localisés. Rien dans le membre postérieur.

Ces troubles ont duré à ce degré très peu de temps et quelques
semaines plus tard on ne peut noter de différence dans l'état fonc-

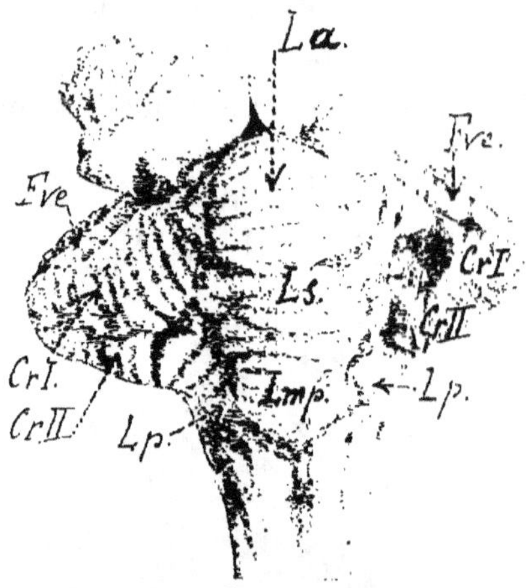

Fig. 44. — Cervelet de *Bob*.
Lésion destructive occupant la partie interne du crus primum droit, et ayant endommagé légèrement le lobule simplex et la partie interne du crus secundum.

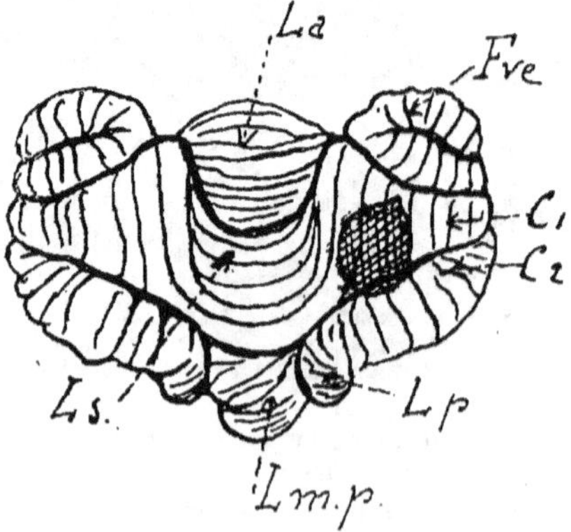

Fig. 45. — La lésion précédente reportée sur un schéma de Bolk.

tionnel des pattes antérieures qu'en mobilisant simultanément
les deux membres. Pour cela, l'animal est couché sur le dos, et

on remarque alors qu'il est plus facile de porter *en adduction* le membre droit que le membre gauche. On peut noter aussi que, lorsqu'on met les deux pattes antérieures en adduction, l'animal corrige beaucoup plus lentement à droite qu'à gauche.

Si on met les deux membres en abduction extrême et qu'on les lâche brusquement, le membre antérieur droit revient plus vite en adduction que le gauche.

Examiné quatre mois après l'opération, on constate encore chez lui une plus grande difficulté à mettre le membre antérieur droit en abduction.

En résumé : Passivité plus grande du membre antérieur droit dans le sens de l'adduction.

Ce chien est sacrifié quatre mois après l'opération.

Examen macroscopique (*fig.* 44 et 45) : destruction à l'emporte-pièce dans la *moitié interne du crus primum droit.* Le crus secundum du lobe ansiforme et le lobe paramédian paraissent seulement un peu plus petits du côté droit.

Sur les coupes macroscopiques on remarque que la partie adjacente du lobule simplex a été atteinte mais légèrement : la partie supérieure du même lobule est respectée.

La substance blanche a été peu touchée et les noyaux gris sont intacts.

La partie interne du crus secundum a été légèrement atteinte.

Observation IX : Chien *Dick*

Aussitôt éveillé il s'agite, il tourne dans des sens divers, il se dresse sur ses pattes postérieures, les pattes antérieures s'élèvent et il fait des bonds, puis, en retombant, la tête et le museau viennent se heurter sur le sol. Lorsqu'il court, il n'existe pas de dysmétrie apparente dans l'une ou l'autre patte ; mais il est très difficile de l'étudier, parce qu'il galope presque toujours et que les deux membres homologues sont levés simultanément.

Cependant la main paraît se mettre davantage en extension du côté droit que du côté gauche.

Le lendemain, l'animal est plus calme, et on note que pendant la marche le membre antérieur droit est *dysmétrique*, il s'élève plus haut que le gauche ; en outre il se porte trop en dehors, et la main est en extension sur l'avant-bras.

Lorsqu'il est assis, la tête est inclinée à droite; mais cette orientation est moins due à un déplacement actif ou passif de la tête qu'à une inclinaison de la moitié antérieure du tronc vers la droite. D'ailleurs cette attitude est inconstante, et parfois même on constate une inclinaison de la tête vers la gauche.

L'œil droit est incliné très légèrement en bas et en dedans.

L'animal étant debout, on déplace les membres en avant, en arrière, en haut, en bas, en dedans, en dehors ; *l'abduction seule de la patte antérieure droite n'est pas corrigée*. Si, d'autre part, on porte un peu brusquement les membres antérieurs en adduction, le membre antérieur droit revient plus vite en dehors.

Lorsque la moitié antérieure du tronc est soulevée, les deux mains étant fléchies, et que l'animal est livré à lui-même, il retombe sur la face palmaire de la main gauche, sur la face *dorsale* de la main droite.

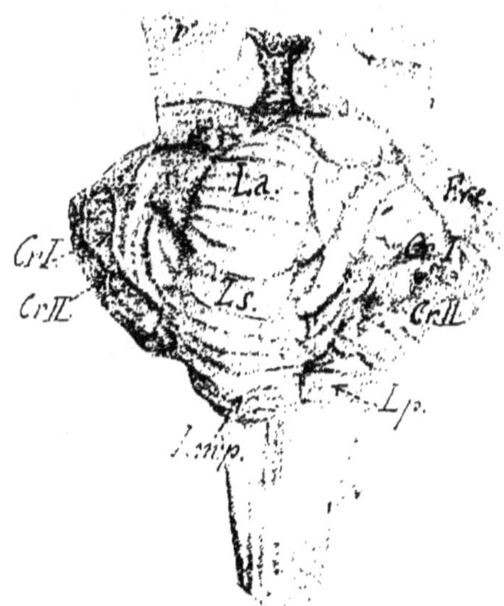

FIG. 46. — Cervelet de *Dick*.
Lésion destructive de la moitié externe du crus primum (Cr1).

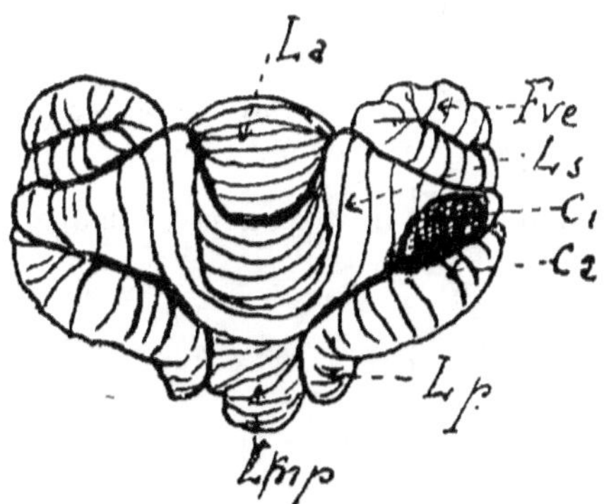

FIG. 47. — Lésion précédente reportée sur le schéma de Bolk.

Les jours suivants, la *résistance à l'abduction* et au mouvement de rotation du coude en avant est plus faible à droite. Le membre antérieur droit est en général plus malléable à droite qu'à gauche, le coude est mis plus facilement en flexion, la main en flexion sur l'avant-bras ; cependant ce qui prédomine c'est *l'abduction*, et la facilité avec laquelle on décolle le coude du tronc pour le porter en dehors et en avant. D'ailleurs ce décollement se produit spontanément, non seulement pendant les premiers jours, mais encore au bout de plusieurs semaines et même quatre mois après l'opération. Lorsqu'on observe ce chien au repos, on voit encore à cette époque le coude droit se porter spontanément en dehors et en avant, et l'animal peut même rester un certain temps dans cette position.

En résumé : correction nulle ou insuffisante du membre antérieur droit mis en abduction. Moins grande résistance des adducteurs. Résistance augmentée des abducteurs.

Sacrifié quatre mois après l'opération.

Examen macroscopique (*fig.* 46 et 47) : lésion occupant la *moitié externe du crus primum* du lobe ansiforme, se prolongeant un peu sur sa moitié interne et endommageant très légèrement le lobule simplex (partie latérale .

Sur les coupes macroscopiques, la substance blanche est à peine atteinte.

Aucune lésion dans les noyaux gris centraux.

Observation X : Chien **Samson**

Quelques heures après l'opération, dès que l'animal est réveillé, on constate que les troubles sont exclusivement localisés

Fig. 48.

dans le membre postérieur droit. Peut-être existe-t-il un très léger degré de dysmétrie dans le membre antérieur du même côté.

Pendant la marche le membre postérieur droit s'élève davantage et se porte plus en dehors que le gauche (*fig.* 48) ; les

Fig. 49.

Fig. 50.

mouvements sont plus brusques : il existe donc une *dysmétrie* nette en *abduction*.

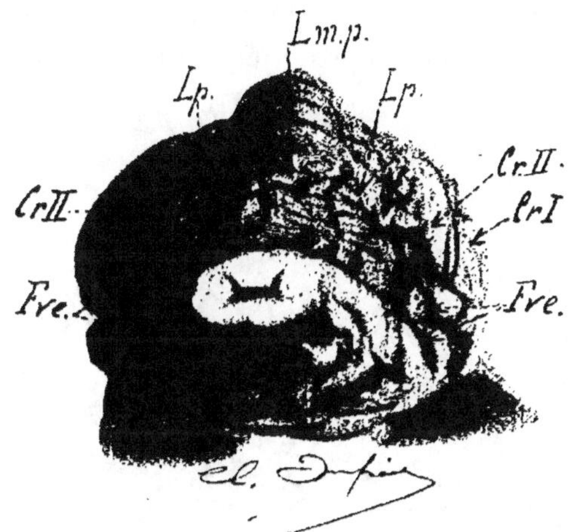

Fig. 51. — Cervelet de *Samson*, vu par sa face inférieure.

Lésion destructive de l'extrémité inféro-interne de la formation vermiculaire. du bord externe du lobe paramédian, de la partie interne du bord inférieur du crus secundum.

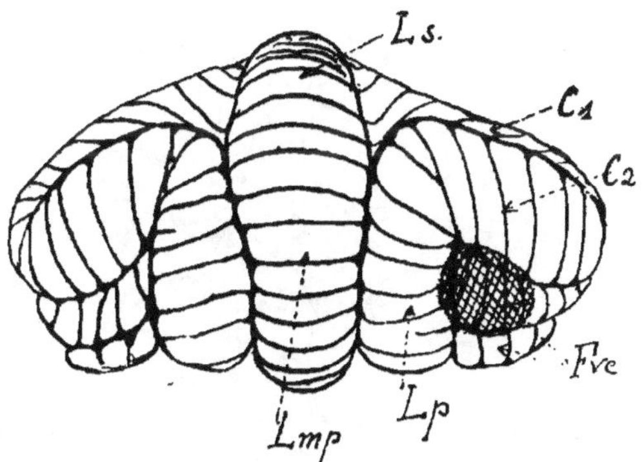

Fig. 52. — Lésion précédente reportée sur un schéma, pour mieux montrer la topographie des lésions.

Dans la station debout, le même membre est déplacé facilement en dehors et un peu en arrière, et il conserve l'attitude donnée (*fig.* 49 et 50). Au contraire, pour toutes les autres positions, la correction se fait immédiatement.

Si on couche l'animal sur le dos et qu'on imprime des mouvements à ses deux membres postérieurs, on remarque qu'on porte

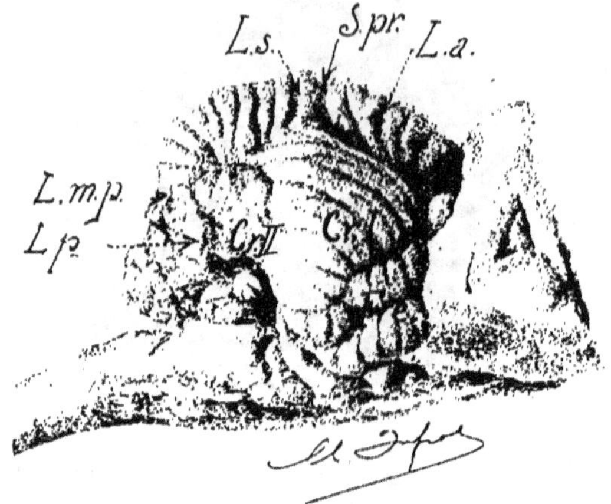

Fig. 53. — Cervelet de *Samson*, vu de profil.

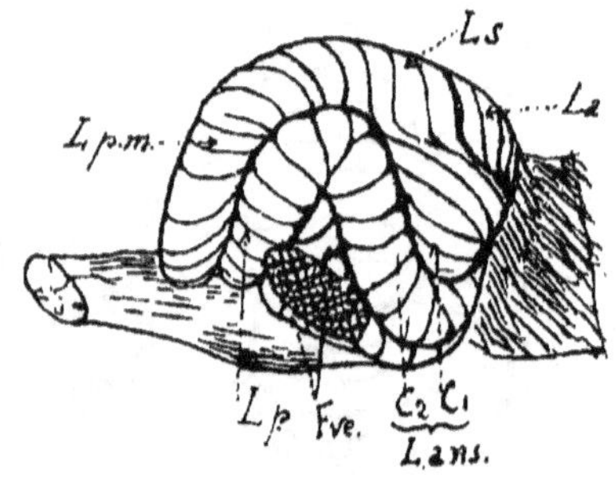

Fig. 54. — Lésion précédente reportée sur un schéma de la face latérale du cervelet.

très facilement le membre droit en *abduction* forcée et rotation en dehors sans aucune résistance des adducteurs. Si au contraire on rapproche énergiquement les deux membres postérieurs et qu'on les lâche brusquement, le droit exécute un mouvement d'*abduction* plus ample et plus rapide que le gauche et se porte plus en dehors.

Pas de différences dans les mouvements de flexion, d'extension des différents articles entre le côté gauche et le côté droit. Toutes les attitudes artificielles du genou ou du pied sont immédiatement corrigées. Quant on mobilise l'articulation de la hanche, elle n'offre une résistance sérieuse, que si on la porte dans l'adduction.

Quand on pique la face externe de la cuisse droite, le membre reste immobile, à gauche il se porte en dedans.

Ce chien étant placé debout sur une planche mobile que l'on incline en bas et en arrière, ou à droite, la patte postérieure droite se déplace et suit le mouvement, tandis que rien de tel ne se passe pour les autres membres. Une très légère inclinaison de la planche suffit.

Ces troubles sont encore très nets plusieurs semaines après l'opération. Quatre mois plus tard on les retrouve, mais atténués.

En résumé : Passivité du membre postérieur droit dans les déplacements en dehors. Résistance des abducteurs augmentée, résistance des adducteurs diminuée.

Sacrifié quatre mois après l'opération.

Examen macroscopique (*fig.* 51, 52, 53 et 54 : lésion détruisant la *partie inféro-interne de la formation vermiculaire, le bord externe du lobe paramédian, la partie interne du bord inférieur du crus secundum du lobe ansiforme.*

La substance blanche a été endommagée (examen sur coupes macroscopiques). Pas de lésion des noyaux gris centraux.

Observation XI : Chien *Porthos*

Chez les précédents chiens nous avons eu pour but de produire des lésions des hémisphères, aussi superficielles que possible, et nous avons enregistré des troubles portant exclusivement ou presque exclusivement sur la motilité des membres, tandis que l'équilibre a été fort peu touché et en tout cas presque toujours d'une manière passagère; il est possible que dans certaines lésions siégeant au voisinage du vermis, celui-ci ait été refoulé, comprimé, ou peut-être même légèrement endommagé. Au contraire, chez un autre chien, **Porthos,** que nous avons présenté également à la Société de Neurologie, c'est surtout l'équilibre qui est intéressé, tandis que les mouvements des membres sont relativement moins troublés et leur désordre reste au second plan.

Dès le réveil, — l'animal avait été anesthésié comme les autres par une injection de chloral morphine dans la cavité péritonéale, — il exécutait des mouvements de rotation autour de l'axe longitudinal de gauche à droite, la tête est inclinée de telle sorte que l'occiput est dirigé à droite et le museau vers la gauche et les yeux sont déviés de la manière suivante : œil droit en bas et en dedans, œil gauche en haut et en dehors.

Pendant les premiers jours l'animal reste couché sur le flanc droit; si on l'excite, il se met à tourner autour de l'axe longitudinal, dans le sens indiqué précédemment.

Dans les premières tentatives de marche, ce sont les pattes antérieures (et surtout la droite) qui se mobilisent les premières;

le membre postérieur gauche repose souvent sur l'extrémité des orteils.

Le membre postérieur gauche est fléchi sur le bassin, mais les autres articulations sont en extension et n'exécutent aucun mouvement ; le membre postérieur droit est moins inerte.

L'animal étant placé sur le bord de la table, de manière que les membres d'un côté plongent dans le vide, ceux du côté droit sont remis sur la table, mais maladroitement, ceux du côté gauche restent en extension, sans aucun essai de correction.

Plus intéressantes sont les oscillations antéro-postérieures du tronc prédominant sur la moitié postérieure. Au début ces oscillations provoquaient presque immédiatement la chute de l'animal ; le train postérieur tendait constamment à se porter vers la gauche, tandis que la moitié antérieure s'orientait vers la droite.

Pour saisir les aliments ou pour boire, la tête était animée d'un tremblement intentionnel analogue à celui de la sclérose en plaques et dépassait le but. Pendant les premiers jours on a dû le nourrir et le faire boire.

Plusieurs semaines encore après l'opération, les troubles de l'équilibre persistaient ; pendant la marche la moitié antérieure du tronc s'orientait toujours à droite, la moitié postérieure à gauche. Les mouvements forcés et les oscillations atteignaient leur maximum dans les changements d'attitude, au début de la locomotion. On observait la même ténacité dans les troubles de la statique céphalique.

Tandis que l'équilibre était encore aussi profondément altéré, on ne trouvait plus dans les membres, ou du moins à un degré comparativement très léger, la passivité que nous avons notée chez les autres chiens.

Quatre mois après l'opération, on observe la même disproportion entre les troubles de la statique et de l'équilibre d'une part, et l'état de la motilité des membres d'autre part.

Voici l'opération que nous avons faite sur le chien Porthos : après avoir découvert le lobe médian et le quatrième ventricule ainsi que la partie adjacente des hémisphères, la tête de l'animal fut très fortement fléchie, et un instrument en forme de gouttière fut glissée sous vermis de manière à le soulever et à le séparer complètement du IVᵉ ventricule.

Après avoir épongé avec des petits tampons de ouate montés sur de minces tiges de bois, nous pûmes explorer le toit du IVᵉ ventricule et, dans une région correspondant au noyau du toit, nous avons enlevé avec une petite curette un fragment de substance nerveuse. Il nous paraît peu vraisemblable que la lésion soit restée limitée à un noyau du toit ; mais, avec une curette mieux appropriée, on réussirait certainement à produire des lésions très limitées de cette région.

Quoi qu'il en soit, comparés à ceux des autres chiens, les troubles observés sur le chien Porthos sont particulièrement instructifs. Chez la plupart d'entre eux, lésions superficielles (autant que possible) de l'écorce d'un lobe latéral : perturbations localisées ou prédominantes dans un membre, intégrité complète ou presque complète de la statique et de l'équilibre. Chez **Porthos,** de même que chez **Rip** (page 47), lésions profondes du vermis : perturbation grave de l'équilibre, troubles de la motilité des membres relativement effacés.

L'examen microscopique de Porthos n'a pas encore été fait.

CHAPITRE II

RECHERCHES EXPÉRIMENTALES SUR LE SINGE

I. — OBSERVATIONS

Nous rapportons d'abord les deux observations suivies d'autopsie, que nous avons publiées dans l'*Encéphale*.

La survie a été courte : ces deux singes ont été sacrifiés quinze et vingt jours après l'opération, et ont été soumis à un examen moins minutieux que les chiens et les deux autres singes. Peut-être, faute d'avoir l'attention attirée sur quelques phénomènes que nous avons remarqués par la suite, certains détails ont-ils échappé à notre observation ?

OBSERVATION I : **Bertrand** (*Macacus rhesus*)

Les symptômes observés furent les suivants : immédiatement après l'opération, dès son réveil (anesthésie par l'éther), l'animal présente une tendance très nette à marcher à reculons, mais cela ne dure que quelques minutes. Pas de déviation des yeux ni de la tête, pas de pleurothotonos, pas d'inégalité pupillaire. — *Maladresse* du membre supérieur droit ; quand il essaye d'attraper les mouches, il les manque avec la main droite, tandis qu'il réussit constamment de la main gauche.

La maladresse se manifeste encore quand il veut saisir une branche ; l'index droit se fléchit avant que la main n'atteigne la branche, qu'il attrape alors avec les deux ou trois derniers doigts; il rectifie ensuite cette attitude. Au moment de saisir un objet, il ouvre souvent la main droite d'une manière excessive, et il écarte davantage les doigts (*dysmétrie*).

Il n'y a aucune paralysie de la main droite; mais l'animal, conscient de sa maladresse, se sert plus volontiers au début de sa main gauche; c'est avec elle qu'il cherche à prendre les objets, tandis qu'il s'accroche alors avec sa main droite aux barreaux de la cage.

Fig. 55.

Au membre inférieur, rien d'appréciable, mais il faut remarquer que les trois premiers jours l'animal avait une tendance à rester inerte.

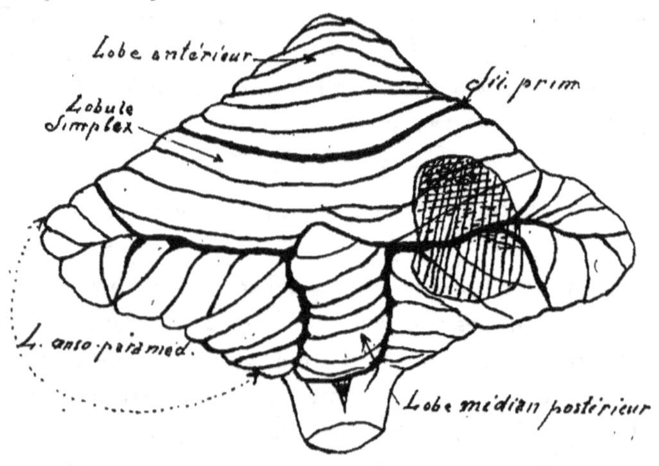

Fig. 56.

Les troubles précédents s'atténuent très vite et sont à peine appréciables vers le dixième jour. L'animal est sacrifié le vingtième jour.

Examen anatomique. — Comme le montre la photographie
(*fig.* 55) faite après quelques jours de durcissement du névraxe
dans le formol et le liquide de Muller, la lésion siège à droite
en plein lobe quadrangulaire, à une certaine distance de la ligne

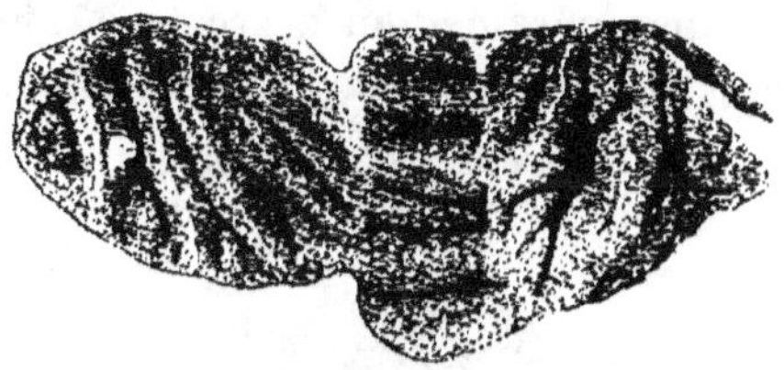

Fig. 57.

médiane, paraissant par conséquent respecter complètement le
vermis. Cependant la lésion se prolonge par en bas et empiète

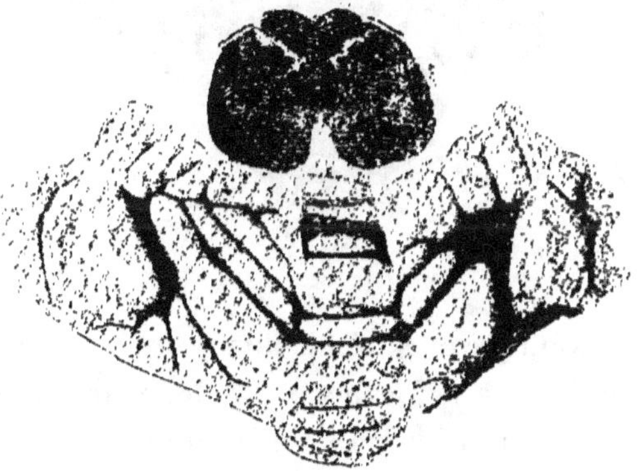

Fig. 58.

sur le lobe anso-paramédian ; mais sur la photographie, de même
que sur les coupes, la lésion est beaucoup plus superficielle en
bas qu'en haut. Nous avons représenté cette disposition sur le
schéma ci-joint (*fig.* 56).

L'orientation des coupes est perpendiculaire à l'axe longitudinal du bulbe et de la protubérance (bulbe, protubérance et cervelet ont été débités en coupes microscopiques sériées ; coloration par la méthode de Marchi).

Sur les coupes inférieures (*fig.* 57), la lésion atteint exclusivement le lobe anso-paramédian et reste à une très grande distance du vermis, l'écorce et la substance blanche des lames et lamelles sont seules intéressées. Un peu plus haut (*fig.* 58), la

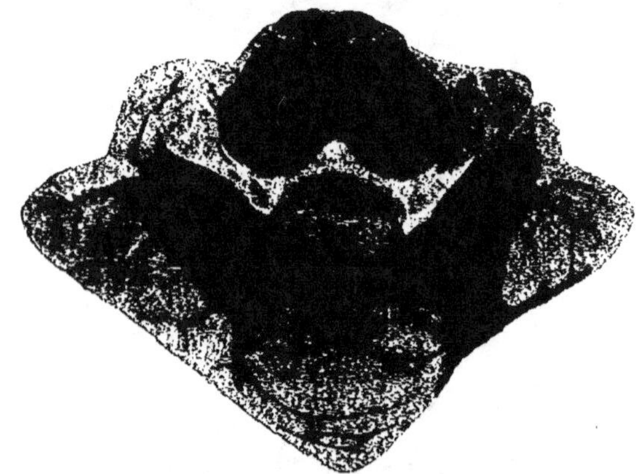

FIG. 59.

lésion s'étend davantage en surface, au niveau de la zone de transition entre le lobe ansiforme et le lobe quadrangulaire et elle atteint en dedans le vermis ; elle empiète légèrement sur la substance blanche.

Plus haut encore (*fig.* 59 et 60), la coupe passe ici en plein lobe quadrangulaire, la lésion détruit l'écorce sur une assez grande largeur (surtout *fig.* 60), elle atteint en dedans l'écorce du vermis et elle pénètre en avant dans la substance blanche qu'elle détruit assez profondément, mais cependant sans intéresser les noyaux gris centraux, qui sont épargnés sur toute leur hauteur. Plus haut encore (*fig.* 61 et 62), la lésion diminue en surface et en

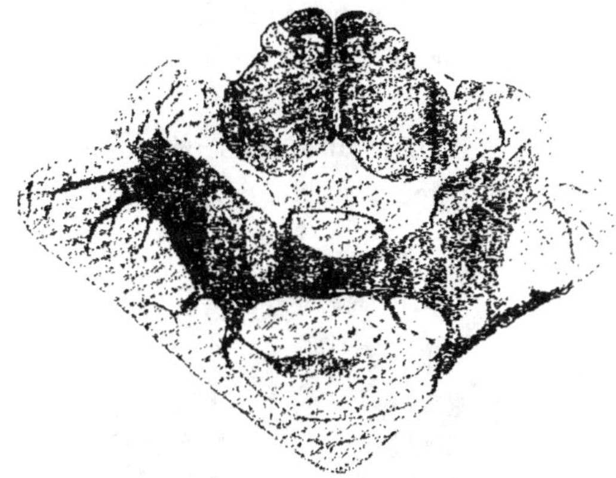

Fig. 60.

profondeur, mais elle empiète encore un peu sur la substance

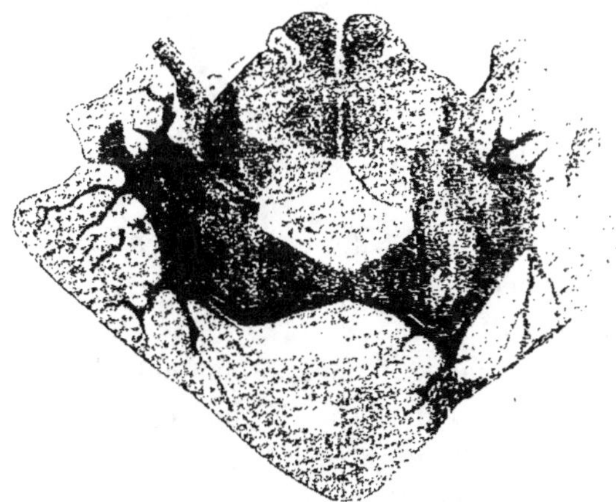

Fig. 61.

blanche (*fig.* 61). Sur toutes les coupes sus-jacentes, il n'existe aucune lésion soit directe, soit de voisinage.

En résumé, il s'agit d'une destruction à la fois corticale et sous-corticale, endommageant surtout la partie inférieure du lobe quadrangulaire, mais débordant un peu par en bas sur l'écorce du lobe ansiforme. Les noyaux gris centraux ont été entièrement respectés.

Il n'existe aucune dégénération des pédoncules cérébelleux moyen, supérieur, inférieur, ni du corps juxtarestiforme. Par

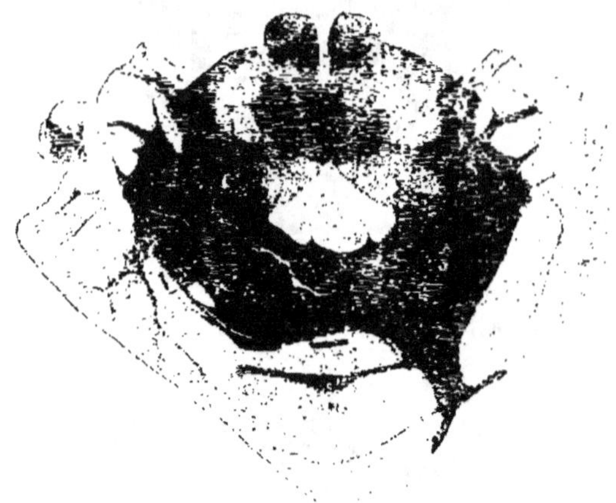

Fig. 62.

contre, on peut suivre des grains de dégénérescence dans la substance blanche des hémisphères et du vermis, ainsi que dans les noyaux gris centraux.

Les grains sont beaucoup moins abondants dans la substance blanche du vermis et dans le noyau du toft que dans la substance blanche du lobe latéral droit et dans l'olive cérébelleuse ; ce qui n'est pas surprenant, vu la topographie de la destruction, qui n'a fait qu'effleurer le vermis, tandis qu'elle a atteint sérieusement le lobe quadrangulaire, et à degré moindre le lobe ansiforme.

Ce cas démontre une fois de plus que l'écorce cérébelleuse fournit des fibres aux noyaux gris centraux et que celles-ci s'y arrêtent.

L'écorce du vermis est surtout en rapport avec le noyau du toit, celle des hémisphères avec les noyaux dentelés ou olives cérébelleuses; mais, dans ce cas, les corps granuleux ne sont pas également répartis dans toutes les lames de l'olive : sur une même coupe, quelques-unes en sont bourrées, tandis que d'autres en sont presque complètement dépourvues. Il existe, sans doute, une certaine systématisation anatomique, d'après laquelle tel territoire cortical est en rapport plus intime avec telle partie de l'olive cérébelleuse.

En résumé : dysmétrie du membre antérieur droit, destruction de l'écorce et de la substance blanche de l'hémisphère cérébelleux droit au niveau du lobe quadrangulaire et de la partie supérieure du lobe anso-paramédian.

OBSERVATION II : *Consul* (*Macacus rhesus*)

Les symptômes observés dès le début sont des troubles de la station et de l'équilibre associés à des troubles de la motilité des membres. Les premiers consistent en chutes, précédées ou non d'oscillations de la tête et du tronc, qui se produisent toujours à droite. Pas de déviation ni de la tête, ni des yeux, pas de nystagmus. *Dysmétrie* nette pour boire, la tête dépasse le but et plonge dans le liquide.

Les troubles de l'équilibre, les chutes ont été d'assez courte durée ; les oscillations du tronc ont persisté un peu plus longtemps et réapparaissaient quand il grimpait ou qu'il était poursuivi.

Plus durables et plus intéressants sont les troubles localisés aux membres ; ils ont persisté jusqu'à la fin. Au début, pour saisir une cerise avec sa main droite, il s'accroche d'abord aux barreaux de sa cage avec sa main gauche, puis il vise la cerise et projette brusquement sa main, mais il va au delà de la cerise et il recommence plusieurs fois avant de la prendre. Pour la porter à la bouche, le mouvement de la main est trop brusque, elle va au delà et dépasse la ligne médiane ; il ramène ensuite sa main droite en la saisissant avec sa main gauche. En réalité, il se sert plus volontiers de sa main gauche que de sa main droite, et généralement il s'accroche à sa cage avec la main droite, tandis qu'il prend les objets avec la main gauche.

On pourrait croire tout d'abord qu'il est paralysé de sa main droite ; mais il n'y a qu'à exciter l'animal et à se faire prendre le doigt pour s'assurer qu'il n'en est rien. Un peu plus tard (vers le sixième jour), on remarque qu'au moment de saisir un objet avec sa main droite, celle-ci plane d'abord, puis elle s'ouvre

démesurément et brusquement, ou bien elle décrit quelques oscillations avant de le prendre (*discontinuité du mouvement*). Plus

Fig. 63.

le mouvement est ample, fort et rapide, plus la dysmétrie est marquée.
L'animal se corrige et il réussit souvent à la deuxième ou à la troisième
tentative ce qu'il a manqué à la première.

Dysmétrie également dans les mouvements du membre inférieur droit
(qui au début a une tendance à rester
fléchi), peut-être plus marquée dans le pied que dans la racine

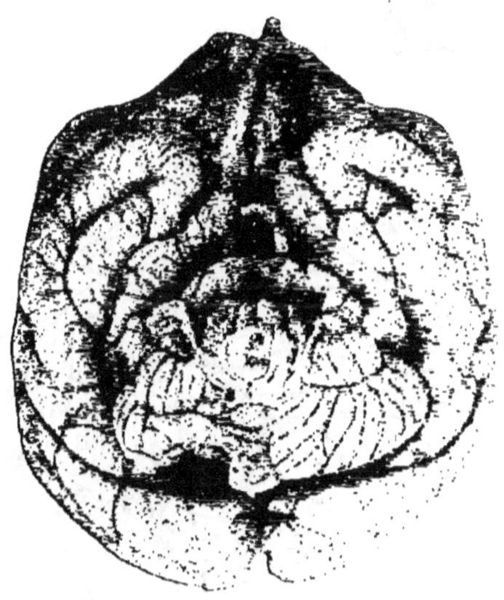

Fig. 64.

du membre. Au membre supérieur, ce serait plutôt l'inverse.
Pour saisir une branche ou pour l'abandonner, le pied se dresse

brusquement et d'une manière excessive, les orteils s'étendent et s'écartent; la différence avec le côté gauche est considérable.

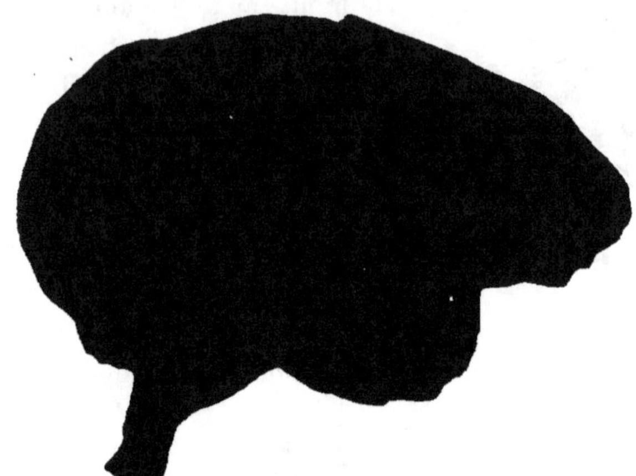

Fig. 65.

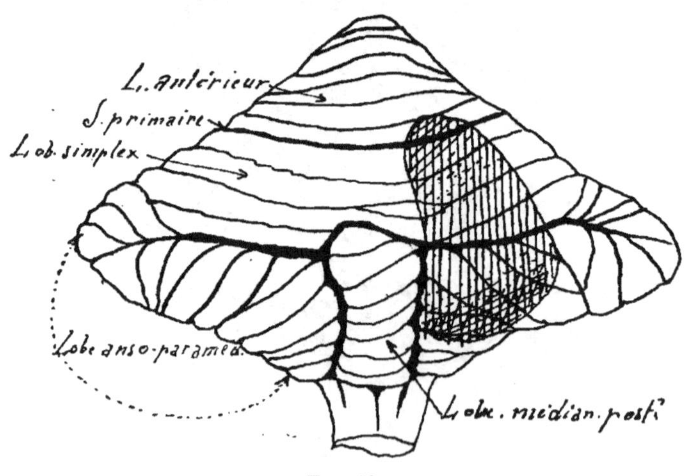

Fig. 66.

Pendant les premiers jours, nous avons remarqué quelques

attitudes vicieuses; ainsi le pied repose souvent sur la face dorsale et il manque l'appui qu'il veut saisir. Le singe ne retire pas sa main quand on la laisse pendre en dehors de la table, il fléchit l'index avant de saisir les barreaux de la cage comme le premier singe.

Pas de différence nette entre les réflexes des deux côtés. L'épreuve de la centrifugation (sur un appareil tournant) donne lieu aux réactions normales.

Fig. 67.

L'animal est sacrifié après une survie de quinze jours.

Examen anatomique. — Il suffit de comparer les photographies (*fig.* 63, 64, 65) à celles du cervelet du premier singe pour se rendre compte de l'étendue beaucoup plus considérable des lésions. à la fois en surface et en profondeur; elles détruisent profondément non seulement le lobe quadrangulaire, mais encore le lobe anso-paramédian, ce qui est nettement visible sur la photographie du cervelet vu par sa face inférieure (*fig.* 64) et de profil (*fig.* 65). La lésion est représentée schématiquement sur la figure 66.

L'orientation des coupes est différente de celle des coupes

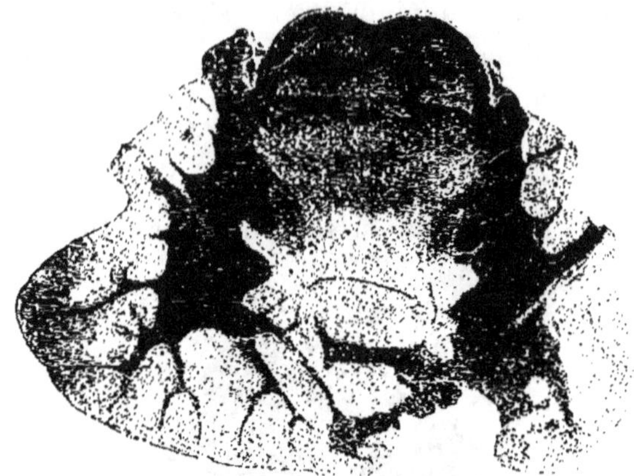

Fig. 68.

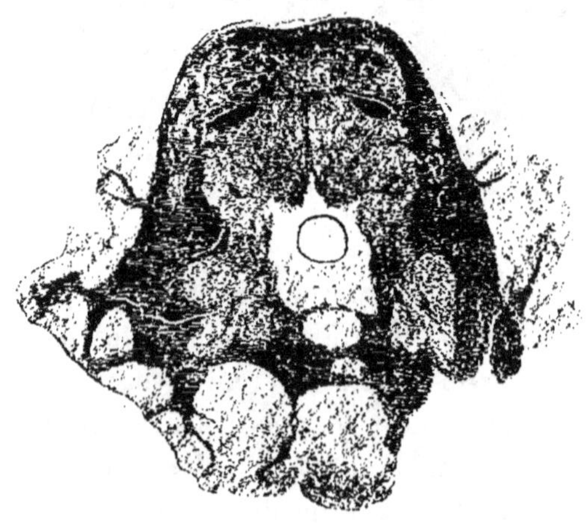

Fig. 69.

précédentes. Elles sont dirigées obliquement de haut en bas et
d'avant en arrière.

Sur les figures 67, 68, 69, 70, la lésion détruit la plus grande partie de l'écorce et de la substance blanche du lobe anso-para-

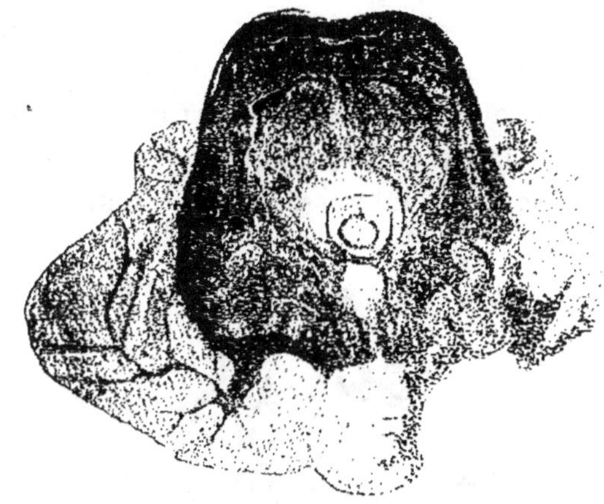

Fig. 70.

Fig. 71.

médian, empiétant surtout dans les plans inférieurs sur l'écorce

et la substance blanche du vermis. Sur les coupes 71 et 72, l'écorce
et la substance blanche du lobe quadrangulaire sont largement
endommagées. Dans les coupes les plus inférieures, les noyaux
gris centraux sont respectés, mais plus haut l'olive cérébelleuse
a été sérieusement atteinte, surtout en arrière. Si on réfléchit à
l'obliquité de la coupe, il en résulte que la partie postérieure de
l'olive cérébelleuse a été intéressée directement sur une assez

Fig. 72.

grande hauteur, moins dans les plans moyens et inférieurs que
dans les plans supérieurs où elle est profondément détruite.

Il existe une dégénération très marquée de la substance
blanche, substance blanche du vermis, substance blanche de
l'hémisphère cérébelleux droit. Les fibres dégénérées peuvent
être suivies jusque dans les noyaux gris centraux : les deux
noyaux du toit contiennent des grains noirs. Les fibres dégénérées ne peuvent être suivies dans l'hémisphère cérébelleux
gauche, mais on en trouve dans les deux côtés du vermis.

Le pédoncule cérébelleux supérieur droit (*fig.* 71) est très nettement dégénéré, et sur la figure 72 on voit les fibres s'entrecroiser dans la commissure de Werneking. L'entrecroisement des noyaux du toit est également dégénéré, les fibres contournent de chaque côté le pédoncule cérébelleux supérieur (faisceau en crochet, *fig.* 71) et descendent ensuite dans le segment interne du corps restiforme.

Aucune dégénération dans le pédoncule cérébelleux inférieur, ni dans le pédoncule cérébelleux moyen.

En résumé : dysmétrie des membres droits ; lésion destructive de l'écorce et de la substance blanche de la moitié droite du cervelet, au niveau du lobe quadrangulaire et du lobe anso-paramédian, qui est atteint sur une plus grande hauteur que chez le singe précédent. Troubles plus intenses et plus persistants : lésion de l'olive cérébelleuse.

Équilibre statique de la tête et du tronc plus éprouvés : la lésion empiète sur les parties adjacentes du lobe médian, le lobe quadrangulaire est profondément détruit.

Observation III : **Alphonse** (*Macacus cynomolgus*)

Première intervention le 16 juin 1913. — Dès le réveil, il essaie de s'asseoir, mais il se produit une hyperextension de la tête et une chute en arrière ; ce phénomène ne s'est produit que pendant les premières heures. De même, au début, il ne se servait que de sa main droite et les deux membres gauches restaient en adduction ; mais le jour suivant on ne constatait plus de troubles appréciables que *dans le membre postérieur gauche*.

Les mouvements du pied gauche sont maladroits, et il s'y reprend à plusieurs fois pour saisir une branche ; les mouvements sont généralement brusques et dépassent souvent le but. Pendant la marche le membre postérieur gauche a plutôt une tendance à se mettre en *adduction* et à se porter un peu plus brusquement en avant que le membre postérieur droit. La dysmétrie est surtout marquée au moment où il sert de point d'appui, il y a *hyperextension du pied* sur la jambe ; il lui arrive plusieurs fois de rester en arrière sur sa face dorsale (*fig.* 74, 75, 76).

Il ne corrige pas les déplacements du membre postérieur gauche en abduction et en adduction ; les membres postérieurs étant mis en extension, le gauche est ramené en flexion beaucoup plus lentement que le droit.

Dix jours après cette première intervention, les troubles précédents se sont sensiblement atténués. Cependant, pendant la marche, la projection du pied gauche est un peu plus rapide et plus accentuée que celle du pied droit ; mais le mouvement inverse d'extension du pied sur la jambe paraît encore plus dysmétrique.

Nous avions eu pour but de produire des troubles localisés dans le pied gauche et nous avions ainsi réussi.

Deuxième intervention le 4 juillet 1913. — Cette fois nous avons eu pour but de produire des troubles dans la main droite.

En effet, immédiatement après cette deuxième intervention, on constate, en outre des symptômes précédents qui paraissent même s'être accusés, de la maladresse et de la *dysmétrie* dans le *membre antérieur droit ;* pendant la marche il se porte trop en haut et en avant.

Fig. 73.

Quand il essaie de porter un objet à sa bouche avec sa main droite, il lui arrive souvent de le manquer au moment de la préhension ; s'il s'agit d'un aliment, il le porte *trop en dedans* et atteint la joue du côté opposé.

Le membre antérieur droit est également animé d'un tremblement intentionnel.

Pendant les premiers jours, la main droite repose souvent sur la face dorsale (*fig.* 73).

Les deux membres antérieurs sont-ils placés en *adduction*, la main droite offre moins de résistance et ne corrige pas l'attitude. tandis que la gauche la corrige. Au contraire l'*abduction* est corrigée. De même on éprouve moins de peine à mettre la main

FIG. 74.

droite que la main gauche sur la tête et il la retire plus lentement.

Au début, sans être attaché, il corrigeait assez bien la flexion et l'extension passive de l'avant-bras sur le bras ; dans sa cage, il avait une tendance à laisser son avant-bras très légèrement fléchi sur le bras, la main et les doigts également en flexion très légère.

Ces expériences ont été faites sur l'animal simplement maintenu par les mains d'un aide ; on verra plus loin qu'un procédé spécial nous a permis de constater des différences qui étaient peu appréciables, quand l'animal mettait en œuvre ses moyens de défense.

Plusieurs semaines après la deuxième opération, les troubles persistent encore dans le membre antérieur droit et dans le membre postérieur gauche.

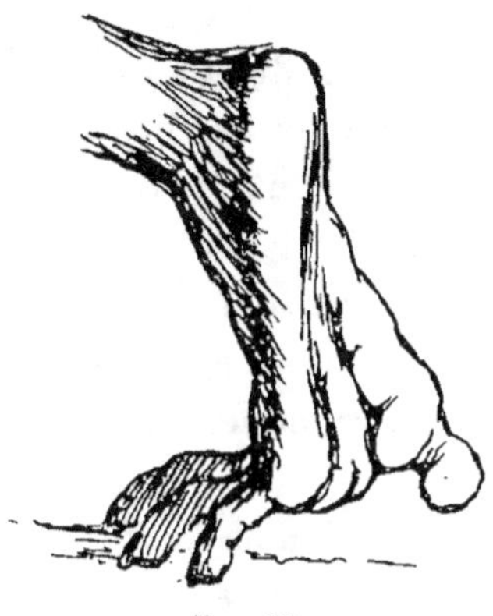

FIG. 75.

Ces troubles sont rendus encore plus manifestes grâce au petit dispositif suivant. On passe une ficelle dans l'appareil plâtré qui entoure la tête, tandis qu'une autre corde est passée dans la ceinture. On fait alors marcher l'animal en lui redressant la tête (*fig.* 74).

Le membre antérieur droit, *en extension*, se porte encore trop en avant et trop haut ; la main droite glisse en avant sur le sol et quelquefois par saccades (*discontinuité du mouvement*).

Quand il se porte en avant, le membre postérieur gauche est

FIG. 76.

élevé un peu trop haut et le pied se porte trop loin ; mais c'est lorsque le même membre prend son point d'appui sur le sol que se manifestent les troubles les plus démonstratifs, surtout si, au moyen de la corde qui passe par la ceinture, on s'oppose, même légèrement, à la progression de l'animal ; l'extension du membre est telle que souvent les doigts se renversent sur leur face dorsale (*fig.* 74, 75 et 76) ; l'animal traîne alors sa patte un moment dans cette position avant de la porter en avant.

La tendance à conserver le membre antérieur droit en *adduction* persiste encore, et la correction de l'adduction forcée est moins rapide à droite qu'à gauche. L'élévation du bras droit est également plus facile et provoque moins de résistance.

Pour saisir les aliments, les doigts s'ouvrent d'une manière excessive, mais ils restent rapprochés et étendus ; la main plonge assez brusquement dans l'écuelle, il s'en sert comme d'une spatule.

Le membre antérieur droit pend encore en dehors de la table, le membre postérieur droit se remet au contraire sur la table.

Le membre postérieur gauche résiste toujours moins à l'extension et la corrige plus lentement. La correction est un peu moins rapide à droite qu'à gauche pour la flexion ; mais la différence entre les deux côtés est nettement plus sensible pour l'extension que pour la flexion.

Actuellement encore, cinq mois après la première opération, on constate les mêmes troubles, mais sensiblement moins marqués.

OBSERVATION IV : **Anatole** (*Macacus cynomolgus*)

Première intervention le 16 juin 1913. — Au réveil, la tête est légèrement inclinée à droite, le bras droit tend à rester inerte, la main fléchie sur l'avant-bras ; spontanément le même membre se met en *abduction*.

Le lendemain l'animal, étant soulevé et tenu par le dos, on porte plus facilement son membre droit en *abduction* que son membre gauche, il offre moins de résistance et, une fois abandonné à lui-même, il revient à la position normale moins vite que du côté gauche. L'adduction, au contraire, est corrigée.

Le membre antérieur droit est facilement porté en avant, mais surtout en dehors et en arrière sans correction.

Pendant la marche le membre antérieur droit est levé plus brusquement et toujours porté en *abduction*.

Pour porter une cerise à sa bouche, il passe à côté du but et rectifie immédiatement.

Huit jours plus tard, les troubles se sont atténués, l'abduction l'emporte toujours sur les autres attitudes. Le membre se porte encore exagérément en dehors et en arrière.

La main droite saisit maladroitement les aliments ; les doigts s'écartent trop et, quand il prend du riz, les grains s'échappent pour la plupart entre les doigts.

Deuxième intervention le 4 juillet 1913. — Au réveil, dans les premières tentatives de station ou de marche, il se produit des oscillations du corps, sa base de sustentation est élargie, les membres postérieurs écartés, le *membre postérieur gauche* plus écarté que le droit.

Le membre postérieur gauche est plus maladroit et plus *dys-*

métrique. Quand on met le membre postérieur gauche en extension, il revient beaucoup plus rapidement en *flexion* que le membre droit.

Pendant la marche sur les deux pattes postérieures, les orteils

FIG. 77. — Singe *Anatole*.
La dysmétrie et la passivité après la deuxième intervention étaient localisées au membre postérieur gauche et portaient exclusivement sur la flexion dans tous les articles. On voit ici la passivité en flexion des orteils et du pied.

gauches et en particulier le gros orteil sont plus en abduction que ceux du côté droit.

Couché sur le dos, l'abduction passive est plus difficile et plus vite corrigée à gauche. L'*adduction* est moins vite corrigée à gauche qu'à droite. La rotation de la cuisse en dedans est moins vite corrigée à gauche. Les orteils restent en flexion à gauche.

Depuis la deuxième opération, les troubles déjà signalés au membre antérieur droit se sont plutôt accrus, et ils sont plus faciles à constater, quand on maintient la tête de l'animal au moyen du même dispositif que chez le singe précédent.

Six semaines après la première opération, trois semaines après la deuxième, voici ce que l'on constate :

Membre antérieur. — La correction des *déplacements en abduction* est nulle ou lente à droite ; manque de résistance des antagonistes. Au contraire, les réactions aux déplacements en adduction sont normales : *donc passivité en abduction*.

Placé en dehors de la table (attitude à plat ventre), le membre antérieur gauche est ramené sur la table, le droit ne l'est pas. La résistance est moins grande pour la flexion de l'avant-bras et de la main droite que pour l'extension. Lorsque la main gauche est posée (passivement) sur la face dorsale, elle est ramenée aussitôt sur la face palmaire, à droite la correction est lente ou retardée.

Membre postérieur.— Passivité plus grande en flexion à gauche ; résistance plus grande à l'extension du côté gauche que du côté droit. La passivité en flexion existe pour les trois articulations : hanche, genou, pied.

Les orteils sont un peu plus fléchis à gauche quand on place les pieds perpendiculairement à la jambe.

Pas de différence appréciable entre les deux côtés pour l'adduction et l'abduction.

Pendant la marche, le membre antérieur droit tend toujours à se porter en dehors et en arrière ; à certains moments, le membre postérieur gauche paraît se porter plus brusquement et d'une manière exagérée en avant.

Ces troubles existent encore mais atténués cinq mois après la première intervention.

Nous avions eu pour but de produire des troubles du membre antérieur droit dans la première intervention et des troubles du membre postérieur gauche dans la deuxième.

Les différences qui existent entre les troubles observés chez ces deux singes (**Alphonse** et **Anatole**) sont suffisamment marquées pour qu'il soit utile d'insister davantage.

En résumé chez le singe **Alphonse**, *la dysmétrie du membre antérieur droit tend à le porter en adduction et en avant dans une attitude d'extension; chez le singe* **Anatole**, *la dysmétrie du membre antérieur droit tend à le porter en abduction et en flexion.*

Chez **Alphonse**, *la dysmétrie du membre postérieur gauche est surtout marquée dans le sens de l'extension; chez* **Anatole** *elle est exclusivement marquée dans le sens de la flexion.*

La passivité est de même sens que la dysmétrie, le manque de résistance de sens contraire.

II. — EXPÉRIENCES SUR LE SINGE APRÈS IMMOBILISATION.
EXAMEN DES DIVERS GROUPES MUSCULAIRES.

Sur un singe qui n'est maintenu que par les mains des aides et qui peut surveiller tout ce qui se passe autour de lui, les

Fig. 78.

mouvements volontaires de défense peuvent être tels qu'ils rendent l'étude des phénomènes précédents très difficiles. Pour mieux les mettre en évidence, nous avons employé le dispositif suivant.

L'animal est fixé sur une planche par des lacs qui l'entravent à la ceinture, au bras et au poignet pour le membre antérieur, à la cuisse et au-dessus du pied pour le membre postérieur.

Fig. 79.

La tête est maintenue par une bande épaisse de crépon qui passe devant les yeux et supprime le contrôle de la vue. La queue est également attachée.

Ainsi immobilisé et fixé, l'animal cherche beaucoup moins à se défendre.

La figure 78 représente le singe **Alphonse** dans cette attitude. La planche est tenue verticalement, tête en haut, pieds en bas.

On constate déjà l'attitude différente des deux mains (*fig.* 78) ;

Fig. 80.

la main gauche et surtout les doigts sont en flexion très marquée, tandis que sur la droite il n'existe qu'une ébauche de flexion ; sur cette figure les pieds ont une tendance à rester en extension, mais la flexion dorsale du pied et des orteils est ordinairement plus accentuée à droite qu'à gauche, où ils restent souvent sur le prolongement de la jambe.

Lorsque les doigts sont amenés passivement et rapidement

Fig. 81.

en extension, ils reviennent aussitôt en flexion à gauche, beaucoup moins et plus lentement à droite. Inversement, si on les met doucement en flexion, la main droite s'ouvre et revient à la position indiquée sur la figure 79.

On enlève alors les lacs qui fixent les deux poignets de manière à libérer l'articulation du coude et on élève ensuite les deux avant-bras dans la position indiquée par la main droite (*fig.* 80); l'avant-bras et la main droite conservent la position qu'on

Fig. 82.

leur a donnée, c'est-à-dire extension des doigts et de la main, et la flexion de l'avant-bras sur le bras est moins marquée que du côté gauche ; de ce côté, en effet, tout le membre est revenu en flexion.

Les avant-bras, d'abord disposés en croix, sont mis lentement en flexion; l'attitude est corrigée aussitôt à droite, tandis que le gauche reste en flexion ou revient plus lentement (*fig*. 81).

Les membres mis en adduction, le droit ne corrige pas ou corrige en retard cette attitude; l'abduction est corrigée.

Fig. 83.

Les membres postérieurs étant libérés, on les amène par une secousse brusque en extension forcée ; le droit se fléchit brusquement, le gauche reste étendu ou revient plus lentement (cette absence de réaction porte sur les trois segments : cuisse, jambe, pied (*fig.* 82).

Si on retourne la planche de manière à placer la tête en bas, on remarque que le membre droit tombe sous l'action de la pesanteur, tandis que le gauche est retenu par les muscles extenseurs de la cuisse sur le bassin (*fig.* 83).

Ces expériences ont été répétées plusieurs fois et à plusieurs jours d'intervalle, même plusieurs semaines après les opérations, et ont toujours donné les mêmes résultats [1].

Ces expériences sont très instructives parce qu'elles démontrent *que dans les membres malades il n'y a pas seulement passivité articulaire dans une certaine direction par faiblesse des muscles antagonistes, mais il y a une intervention directe des agonistes dans le même sens.* Le fait est très net pour l'extension du membre antérieur et du membre postérieur.

D'ailleurs, conformément à ce qui précède, si dans les conditions de fixation précédemment indiquées on se fait prendre le doigt successivement par les mains et les pieds du singe, on constate que le pied gauche et la main droite serrent plus lentement et moins complètement que le pied droit et la main gauche.

Nous avons encore remarqué qu'au moment de fixer l'animal les mouvements de défense du membre inférieur (en flexion) sont beaucoup plus intenses et plus rapides à droite.

Chez le singe **Anatole,** les résultats ne sont pas moins nets.

Les avant-bras libres sont mis en flexion dans la position de

---

1. Sur quelques photographies le singe n'a pas les yeux bandés : ce jour-là le bandeau avait été, en effet, trop serré et en comprimant le nez avait déterminé un commencement d'asphyxie. Avant qu'il ne revienne complètement à lui, nous avons pu étudier la passivité des articulations. Il est bien entendu que les mêmes résultats ont été obtenus d'autres fois dans les simples conditions d'immobilisation et d'occlusion des yeux.

la main droite ; le membre antérieur droit reste en flexion, le gauche corrige l'attitude (*fig.* 84). Quand on les met en croix, le membre antérieur droit revient plus vite en flexion.

La planche étant renversée de telle sorte que la tête soit en bas, on abaisse les deux membres antérieurs : le gauche revient

FIG. 84.

en flexion et en adduction, le droit pend *en abduction* avec une flexion moyenne du coude (*fig.* 85).

La planche étant remise en place et les membres antérieurs fixés, si on libère les deux membres postérieurs (jambe et pied), le gauche se met *en flexion* (jambe sur la cuisse, pied

sur la jambe, *fig.* 86). Le gros orteil se rapproche de la jambe et
se met en abduction. Les orteils (dernières phalanges) sont plus
fléchis à gauche qu'à droite. Au contraire, si on fléchit forte-

Fig. 85.

ment les membres inférieurs, le droit revient en extension par
l'action de la pesanteur, tandis que le gauche revient plus lentement ou reste même très fléchi.

Porté en abduction, le membre postérieur gauche revient plus *brusquement* et plus rapidement que le droit.

Chez le deuxième singe comme chez le premier, dans les

Fig. 86.

membres malades, le jeu de l'articulation est troublé dans une orientation déterminée par la passivité des antagonistes et par une intervention directe des agonistes.

Si on compare les troubles observés chez ces deux singes, aussi bien au membre supérieur qu'au membre inférieur, on est frappé par l'opposition qui existe entre eux : chez le premier, passivité en extension et adduction du membre antérieur droit et en extension du membre postérieur gauche ; chez le deuxième, passivité en flexion et en abduction du membre antérieur droit et en flexion du membre postérieur gauche.

Chez les deux singes **Alphonse** et **Anatole,** nous avons intentionnellement détruit des régions différentes de l'écorce cérébelleuse, aussi bien pour les centres du membre antérieur que pour ceux du membre postérieur ; mais, en l'absence de tout contrôle anatomique (nous conservons ces singes pour faire de nouvelles expériences), nous préférons ne tirer aucune conclusion ferme au sujet des localisations anatomiques.

TROISIÈME PARTIE

DÉDUCTIONS
TIRÉES DE L'EXPÉRIMENTATION

CHAPITRE I

RÉSUMÉ DES EXPÉRIENCES

INTERPRÉTATION DES RÉSULTATS. — LOCALISATIONS CÉRÉBELLEUSES

L'ensemble des faits que nous avons observés nous autorise à conclure que des lésions limitées du lobe latéral du cervelet, localisées autant que possible dans la corticalité, ce que l'autopsie et l'examen histologique permettent seuls d'affirmer, donnent lieu à des troubles localisés eux-mêmes dans le membre antérieur ou dans le membre postérieur du même côté.

Lorsque la lésion est plus étendue, le membre antérieur et le membre postérieur sont simultanément intéressés. Dans les destructions les plus localisées, les perturbations observées n'affectent pas tout le membre, elles prédominent dans certaines parties, et il en est de même pour les cas où la lésion plus vaste empiète à la fois sur les centres du membre antérieur et du membre postérieur ; il peut y avoir pour chaque membre une prédominance marquée des symptômes sur telle ou telle partie.

Les symptômes ainsi provoqués consistent: 1° en des troubles du mouvement actif ou *dysmétrie* « l'impulsion initiale est trop forte, la vitesse trop grande, l'arrêt trop tardif » par suite le but est dépassé ; 2° dans la possibilité d'imprimer des attitudes aux articulations dans des directions déterminées, sans que l'animal offre la moindre résistance et sans qu'il la corrige (ou tout au moins il y a du retard), c'est ce qu'on peut appeler *de la passivité ;* 3° par des réactions excessives lorsque les membres ou les segments de membre sont placés dans le sens opposé à celui de la *passivité ;* 4° dans l'absence de réaction à des excitations de divers ordres ; ces réactions manquent ordinairement, lorsqu'elles doivent se produire dans l'articulation et dans le sens où les attitudes passives peuvent être imprimées sans résistance ni correction de la part de l'animal.

I. — RAPPORTS DE LA DYSMÉTRIE ET DE LA PASSIVITÉ
ANISOSTHÉNIE DES MUSCLES ANTAGONISTES

Ces diverses propositions ont besoin d'être examinées de plus près.

Le trouble moteur le plus frappant est la *dysmétrie ;* elle ne se manifeste pas indifféremment dans tous les mouvements et sous la même forme. Le membre antérieur du chien est-il seul affecté, il s'élève pendant la marche d'une manière exagérée ; mais, suivant les cas, c'est la projection du membre en entier ou la flexion de l'avant-bras sur le bras qui sera seule excessive ; chez l'un la main sera en extension sur l'avant-bras, chez l'autre en flexion ; chez celui-ci, le membre est porté trop en dedans chez l'autre trop en dehors.

Le membre postérieur est-il seul en cause, pendant la marche il se portera trop en dedans ou trop en dehors, il restera trop en arrière ou il se portera trop en avant.

Le jeu de plusieurs articulations peut être troublé ; mais une seule peut être en cause comme pour le chien **Samson,** dont la dysmétrie du membre postérieur se manifeste seulement en dehors et en arrière.

La perturbation peut être telle que la dysmétrie ne se produit pas dans la même orientation que celle du but à atteindre, puisque pendant la marche le membre antérieur ou postérieur se porte inutilement en dedans ou en dehors ; mais la déviation a toujours lieu dans le même sens (abduction ou adduction). La dysmétrie est d'ailleurs sujette à d'assez grandes variations d'intensité d'un moment à l'autre ; elle est de plus en plus intermittente et inégale, au fur et à mesure que l'on s'éloigne de la date de l'opération, mais quelques circonstances sont susceptibles de la faire réapparaître : nous reviendrons ultérieurement sur ce point.

De même chez le singe **Alphonse** la dysmétrie du membre antérieur se manifeste avec une élection remarquable pendant la projection et en adduction, chez **Anatole** pendant la rétropulsion et en abduction ; la dysmétrie du membre postérieur se manifeste davantage chez le premier quand le membre postérieur se porte en arrière, exclusivement chez l'autre quand il se porte en avant.

Quand ces deux singes mangent en même temps, on est frappé par la différence d'attitude du membre antérieur chez l'un et chez l'autre. Chez le premier les aliments sont pris par le membre en extension comme avec une spatule ; chez l'autre, dont la flexion est exagérée et l'écartement des doigts trop prononcé, presque tout passe entre les doigts comme entre les dents d'une fourchette.

Il existe un lien entre ces troubles du mouvement actif et ceux du mouvement passif sur lequel nous allons maintenant insister.

Cependant nous pouvons déjà dire que la dysmétrie se manifeste avec une élection spéciale dans certaines articulations ou même pour certains groupes musculaires et dans chaque articulation suivant une certaine orientation, qui est celle de la passivité, c'est-à-dire des attitudes passives ou artificielles qu'on peut imprimer à la même articulation sans qu'elles soient corrigées.

On peut en effet imprimer aux articulations des attitudes dans une direction déterminée, sans que l'animal résiste et sans qu'il corrige ces attitudes : ou bien la résistance est moindre et la correction trop tardive. Les nombreuses expériences que nous avons rapportées plus haut, tant sur les chiens que sur les singes, et les premières déductions que nous en avons tirées nous dispensent d'insister plus longtemps.

Voici seulement quelques exemples.

Chez un chien (**Dick**), le membre antérieur est mis en abduction sans correction, ni résistance; au contraire il s'oppose à l'adduction et il la corrige immédiatement. Chez un autre (**Bob**), la passivité dans les mouvements latéraux n'a lieu qu'en adduction.

Chez le singe **Alphonse**, passivité en adduction et extension du membre antérieur droit, passivité en extension du membre postérieur gauche ; chez **Anatole**, passivité en abduction et flexion du membre antérieur droit, en flexion du membre postérieur gauche.

Cette passivité articulaire dans un sens déterminé ne se voit pas seulement dans les grandes articulations, elle peut se rencontrer dans les petites articulations (main et doigts, pied et orteils). Chez le chien **Marius**, on écartait très facilement les doigts du côté malade, et ils restaient en abduction, tandis qu'à gauche ils se rapprochaient aussitôt. Nous avons vu plusieurs fois l'appui de la patte antérieure sur la face dorsale. Le premier singe laisse étendre ses doigts, le deuxième les laisse fléchir.

La passivité est surtout marquée dans les premiers jours qui suivent l'opération, plus tard il ne s'agit pas toujours d'une absence complète de réaction, mais d'un simple retard ; l'animal corrige alors moins vite les attitudes passives du membre malade que celles du membre sain.

*

On pourrait croire tout d'abord que dans cette passivité il n'y a, suivant l'opinion de Rothmann, que lá disparition d'un réflexe musculaire antagoniste, qui normalement sert à la régulation du statotonus des extrémités correspondantes et que Sherrington a appelé *réflexe proprioceptif*.

Il y a cependant plus que cela dans les troubles présentés par nos animaux. Nous avons remarqué souvent en effet que le membre malade revient plus vite que le membre sain dans le sens de l'attitude anormale, quand, après avoir été porté rapidement et le plus possible dans une direction opposée, il est abandonné brusquement à lui-même.

Voici par exemple, un chien (**Samson**) dont on déplace facilement le membre postérieur gauche en abduction : on met simultanément les deux membres en adduction forcée, bien symétriquement, le gauche revient plus vite et plus brusquement en dehors que le droit. Chez un autre chien (**Marius**), la main droite est mise très facilement en flexion sur l'avant-bras ; les deux mains sont alors amenées rapidement en extension, la main droite revient plus vite et davantage en flexion. En outre, au moment de les mettre en extension, on sent plus de résistance à droite qu'à gauche. Chez la chienne **Mirza** il y a au contraire plus de résistance à la flexion qu'à l'extension de la main droite ; elle reste ordinairement en extension.

Et de même pour les singes : chez celui dont la flexion prédomine aussi bien au membre antérieur droit qu'au membre postérieur gauche, après une extension forcée (surtout après la fixation sur la planche), les membres reviennent plus vite et plus brusquement en flexion du côté malade que du côté sain. Chez l'autre singe, c'est la passivité en extension qui existe au membre postérieur gauche ; lorsqu'il est fixé sur la planche, la tête en bas, le membre postérieur gauche plonge beaucoup moins que le membre droit ; il lutte davantage contre la pesanteur, grâce à une intervention plus énergique des extenseurs de la cuisse sur le bassin.

Lève-t-on le membre antérieur droit du chien **Marius** qui pendant la marche se fléchit d'une manière exagérée, et l'abandonne-t-on ensuite ; il reste en l'air un certain temps avant de se poser sur le sol ; rien de tel au membre sain. Cette expérience met en lumière non seulement la passivité des extenseurs, mais l'intervention immédiate des fléchisseurs. Cette réaction exagérée dans le sens de l'attitude passive nous a paru souvent aussi marquée que la passivité elle-même, et il est impossible de ne pas en tenir compte dans l'interprétation des phénomènes observés.

Il existerait donc à la fois une *hyposthénie des muscles antagonistes*, et une *hypersthénie des muscles agonistes :* ce que l'on peut désigner sous le nom d'*anisosthénie des antagonistes* (ανισος, inégal ; σθενος, force). Cette perturbation sthénique doit être rapprochée de la dysmétrie qui, elle aussi, existe ou prédomine dans une articulation et une orientation déterminée. La dysmétrie nous a paru surtout marquée dans le sens de l'action des muscles hypersthéniques et par conséquent dans un sens opposé à celui de l'action des muscles hyposthéniques.

Voici encore un fait qui vient à l'appui de l'opinion précédente ; c'est le réflexe assez particulier que nous avons observé sur le chien **Marius** dans les conditions suivantes : si on frappe un coup violent avec le poing sur la table qui lui sert de support, il se produit une abduction des orteils et surtout du cinquième, beaucoup plus marquée et plus brusque du côté droit que du côté gauche; comme on l'a déjà vu, la passivité en abduction des orteils est également très nette du même côté.

Le retard à la correction se manifeste d'ailleurs dans des conditions intermédiaires aux mouvements actifs et aux mouvements passifs. Le chien **Marius**, dont on soulève le train antérieur en fléchissant simultanément ses mains, laisse tomber la main du côté malade sur la face dorsale, lorsque l'on vient à lâcher les membres, et elle l'y laisse. Plus tard elle commence par tomber sur la face dorsale, puis elle se remet presque aussitôt sur la face palmaire. A une époque encore plus éloignée de l'opération, il n'y a plus qu'un retard dans l'extension de la main par comparaison avec celle du côté sain.

L'association de l'hypersthénie de certains muscles et de l'hyposthénie des muscles antagonistes, autrement dit *l'anisosthénie des antagonistes*, joue sans doute un rôle important dans l'apparition de la dysmétrie : le but serait dépassé parce que l'impulsion due aux muscles hypersthéniques est excessive, et l'arrêt dû à l'intervention des muscles hyposthéniques est insuffisant ou trop tardif.

Le même phénomène peut encore expliquer plusieurs autres symptômes observés en clinique et considérés comme pathognomoniques des lésions du cervelet.

II. — LOCALISATIONS CÉRÉBELLEUSES. — CENTRES DE DIRECTION

Les autopsies et les examens anatomiques que nous avons pratiqués sont encore en trop petit nombre pour que nous puissions en tirer des conclusions très fermes. Cependant les constatations que nous avons faites à cet égard sont très comparables aux résultats qui ont été obtenus par divers auteurs.

Nos expériences ont été faites pour la plupart sur le lobe latéral du cervelet ; néanmoins nous avons rapporté quelques observations de lésions portant exclusivement sur le vermis ou de lésions latérales ayant empiété plus ou moins sur le lobe médian.

Le chien **Porthos** a subi une destruction partielle du lobe médian ; les troubles de la statique et de l'équilibration l'ont emporté sur les troubles de la motilité des membres. Le chien **Rip** présentait de gros troubles de l'équilibre et de la statique et la lésion occupait surtout le lobe médian postérieur. Le chien **Puck**, dont les membres gauches étaient dysmétriques, présentait aussi des troubles de l'équilibre et de la statique de la tête ; la lésion occupait à la fois le lobe latéral (lobe ansiforme, formation vermiculaire gauche) et le lobule simplex. Chez le chien **Black**, dont la statique et l'équilibre n'ont été troublés que très accessoirement et tout au début, les lésions occupaient le lobe ansiforme et le lobe paramédian droits.

D'où il ressort que les troubles de la statique et de l'équilibre et l'instabilité de la tête paraissent surtout liés aux destructions du *lobe médian*, la dysmétrie des membres aux destructions des parties latérales : lobe ansiforme, lobe paramédian et formation vermiculaire (chiens **Puck, Black**). Les centres des membres sont représentés dans le même côté du cervelet.

Les lésions du *lobule simplex* s'accompagnent d'oscillations de la tête; les lésions du *lobe médian postérieur* de troubles de l'équilibre avec chutes à la renverse.

Chez le chien le centre du membre antérieur est plus en avant que celui du membre postérieur et est situé, sinon en totalité du moins en grande partie, dans le *crus primum* du lobe ansiforme. Il est difficile de fixer ses limites en dedans vers le lobule simplex, en dehors et en bas vers le crus secundum du lobe ansiforme.

Ce centre est divisible en un certain nombre de centres secondaires, affectés à des groupes de muscles antagonistes et aussi à une direction spéciale pour chacun de ces groupes (flexion, extension, abduction, adduction, etc...).

Un centre envisagé isolément est un centre dynamogénique pour tel muscle et frénateur pour le muscle antagoniste.

L'*abduction du membre antérieur* serait représentée dans la *moitié interne* du centre du membre antérieur (centre dynamogénique pour les abducteurs, inhibiteur pour les adducteurs). Sa destruction donne lieu à une passivité en adduction (chien **Bob**).

L'*adduction du membre antérieur* serait représentée dans la *moitié externe* du centre du membre antérieur (centre dynamogénique pour les adducteurs, inhibiteur pour les abducteurs). Sa destruction donne lieu à une passivité en abduction (chien **Dick**).

Dans le centre du membre postérieur, situé plus en arrière, il existe *aux confins du crus secundum, du lobe paramédian et de la formation vermiculaire*, et empiétant plus ou moins sur l'un de ces lobes, une région où est représentée l'*adduction* (centre dynamogénique pour les muscles adducteurs, inhibiteur pour les abducteurs). Sa destruction donne lieu à une passivité en abduction et à de la dysmétrie dans le même sens (chien **Samson**).

Ces résultats sont très comparables à ceux obtenus par Rothmann et déjà mentionnés (page 37). D'après cet auteur, le déplacement du membre antérieur en dehors n'est pas corrigé quand la lésion occupe la partie latérale du lobe quadrangulaire ; le déplacement du membre antérieur en dedans n'est pas corrigé, quand la lésion occupe la partie médiane du même lobe.

Par lobe quadrangulaire, Rothmann comprend sans doute la partie latérale du lobule simplex et le crus primum du lobe ansiforme.

Le cervelet du singe diffère sensiblement de celui des autres mammifères, et il est difficile, comme nous l'avons déjà vu, de fixer l'identification exacte des parties anatomiquement et physiologiquement correspondantes.

D'après nos deux premières expériences (**Bertrand** et **Consul**), au lobe quadrangulaire et à la partie supérieure du lobe ansopamédian serait dévolue une influence régulatrice sur la motilité du membre supérieur ; à la partie inférieure du lobe ansoparamédian une influence régulatrice sur la motilité du membre inférieur. Nos résultats concordent encore cette fois avec ceux de Rothmann. L'examen anatomique des singes **Anatole** et **Alphonse** nous permettra sans doute d'ajouter des données plus précises à ces premières constatations.

Nos premières recherches s'accordent assez bien en général avec les indications fournies par la méthode de morphologie comparée de Bolk. Il nous paraît toutefois excessif d'affecter complètement la formation vermiculaire à la musculature de la queue, et peut être une partie de ce lobule est-elle destinée à la musculature du membre inférieur ? Toutes ces expériences n'ont d'ailleurs d'autre prétention que de poser les premiers jalons des localisations cérébelleuses.

Les centres localisés dans le cervelet, dynamogéniques pour tel groupe de muscles et inhibiteurs ou frénateurs pour les muscles antagonistes, sont en réalité des centres affectés à une direction déterminée pour chaque articulation : ce *sont des centres de direction.*

CHAPITRE II

RELATIONS ENTRE LES DONNÉES
DE LA PHYSIOLOGIE EXPÉRIMENTALE
ET CELLES DE LA CLINIQUE

1° RELATIONS DE L'ASYNERGIE AVEC LA DYSMÉTRIE
ET L'ANISOSTHENIE

Sous le nom d'asynergie Babinski a décrit la perte de la faculté d'association des mouvements. En réalité, quand on examine de près les troubles étudiés par Babinski, il y a lieu de distinguer deux ordres de faits.

Un de ses malades (atteint d'une affection protubérantielle et non d'une affection cérébelleuse), dont le tronc ne suit pas pendant la marche les mouvements des membres inférieurs — tandis que le pied se porte en avant, le tronc n'avance pas et reste étendu sur le bassin ou même est un peu entraîné en arrière — peut être considéré comme un asynergique.

Des deux ordres de mouvements qui constituent la synergie de la marche — mouvements des membres inférieurs, mouvements du tronc — ces derniers font défaut. Il y a asynergie par absence d'une des séries de mouvements.

Il en est de même dans l'épreuve suivante : lorsqu'on demande à un sujet sain, dans la station debout, de renverser la tête et le corps en arrière, en même temps qu'il exécute le mouvement commandé, il fléchit légèrement la jambe sur le pied et la cuisse sur la jambe de façon à empêcher la chute en arrière; chez les cérébelleux examinés par Babinski ce mouvement compensateur de l'équilibre faisait défaut, et si on ne retenait le malade, il tombait à la renverse; cette fois encore, il y a un mouvement qui fait défaut.

Une autre expérience consiste à demander au malade, préalablement étendu dans le décubitus dorsal, sur un plan résistant, de s'asseoir : il ne peut y réussir. Le tronc se fléchit un peu sur le bassin, mais les cuisses se fléchissent davantage, et ce sont elles qui finissent par l'emporter. Le phénomène n'est pas tout à fait du même ordre que ceux consignés dans les expériences précédentes : en effet dans ce dernier exemple les deux mouvements existent, mais ils ne sont pas suffisamment bien proportionnés ou coordonnés pour assurer la synergie.

Enfin voici encore deux expériences de Babinski que je rapporte textuellement d'après son rapport au congrès de Londres:

« Le malade étant assis, on l'invite à porter le bout du pied vers un point situé à 60 centimètres environ au-dessus du sol ; au début de l'acte, la cuisse se fléchit sur le bassin et la jambe ne s'étend que légèrement sur la cuisse, puis l'extension de la jambe devient plus énergique et la pointe du pied arrive au but ou le dépasse, lancé avec une certaine brusquerie. Quand le malade cherche ensuite à replacer le membre dans la position primitive, on voit d'abord la jambe se fléchir sur la cuisse, tandis que la cuisse ne se meut que légèrement ; puis, lorsque la jambe est en demi-flexion sur la cuisse, celle-ci s'étend brusquement sur le bassin et le pied vient s'appuyer sur le sol. Cette dernière variété d'asynergie peut être constatée aussi dans un exercice que l'on fait exécuter au malade couché à plat sur le dos, et qui consiste à porter le talon en arrière, aussi près que possible de la fesse et à la ramener dans la position primitive. »

Dans ces deux expériences, les deux mouvements qui assurent la synergie existent, mais la synergie elle-même est troublée, il y a décomposition.

A propos de la première de ces deux expériences, l'un de nous avait indiqué dans un travail antérieur qu'elle ne prouve l'asynergie que si le malade est assis ou dans une position stable ; autrement, si le malade est dans la station debout, la décomposition du mouvement pourrait très bien n'être qu'un phénomène volontaire calculé, le malade agissant ainsi parce qu'il a peur de tomber, et beaucoup d'ataxiques ne se comportent pas différemment. L'interprétation nous paraît encore délicate si le malade est assis ; car ses mouvements sont, comme on le verra un peu plus bas, dysmétriques ; le malade en a conscience et il n'est pas certain qu'il n'intervienne volontairement dans la décomposition. On peut cependant proposer encore une autre explication sur laquelle nous reviendrons plus loin.

Le défaut d'association des mouvements joue un grand rôle dans les désordres de l'équilibration occasionnés par les lésions cérébelleuses ; c'est un fait reconnu depuis longtemps par l'un de nous ; il a fait remarquer autrefois dans sa thèse que les mouvements qui tendent à déplacer le centre de gravité ne provoquent plus les réactions musculaires toniques, qui assurent le maintien de l'équilibre pendant son exécution. N'est-ce pas l'expression même d'une perturbation des synergies ?

D'autre part, si du fait de la lésion cérébelleuse chacun des mouvements n'est plus exécuté avec mesure, le malade n'est plus à même de les coordonner : il a peur de perdre l'équilibre, c'est pourquoi il marche lentement, les bras et les jambes écartés, décomposant les mouvements et cherchant les synergies qui, chez un individu sain, concourent à l'harmonie de la marche. La dysmétrie est démontrée soit par la projection inopportune du

corps pendant la marche ou la station debout, soit par la brusquerie des inclinaisons latérales, phénomène dont l'ensemble
constitue la titubation. La dysmétrie peut donc jouer un grand
rôle dans la déséquilibration, qu'il s'agisse de la marche, de la
station debout ou d'un mouvement d'ensemble quelconque, et
l'asynergie peut à son tour n'en être que la conséquence; le
malade exécute les mouvements les uns après les autres, parce
que, n'étant pas sûr de lui et se rendant compte de leur manque
de mesure, il n'ose les associer (André-Thomas).

De même, dans l'expérience qui consiste à prier le malade,
dans le décubitus dorsal, de ramener le talon au contact de la
fesse ; la décomposition des mouvements peut tout aussi bien
être interprétée comme la conséquence de la dysmétrie que
comme une asynergie primitive (André-Thomas). Dans leur rapport, Babinski et Tournay n'ont pas accepté cette manière de
voir, et voici la critique qu'ils lui ont faite : « Dans le décubitus,
un sujet sain peut rapprocher le talon de la fesse en un seul temps,
la flexion de la jambe sur la cuisse et celle de la cuisse sur le bassin se faisant simultanément. Il peut de même replacer le
membre dans la position primitive par extension simultanée de
la cuisse sur la jambe. On conçoit que, dans l'un et l'autre cas,
les mouvements de chaque segment de membre pourraient être
brusques, forts, exagérés, s'il y avait un simple trouble de la
mesure. Mais, chez le cérébelleux ce qui se montre, en outre,
et qui pour nous est caractéristique de l'asynergie, c'est que le
mouvement est décomposé : lorsque la cuisse est fléchie démesurément, la jambe ne l'est que légèrement, la flexion de la jambe
n'étant forte que dans le second temps. »

Cette critique n'est pas de nature à modifier notre opinion, et
voici pourquoi.

Si l'on se reporte aux résultats de nos expériences, de celles de

Rothmann, et aux observations cliniques de Barany, on remarque que la passivité et les perturbations motrices suivant certaines lignes de direction peuvent être très localisées. Si la dysmétrie est la conséquence de ce trouble initial, ce qui paraît assez vraisemblable, on est amené à conclure qu'à son tour elle peut être, suivant les cas, généralisée, localisée ou prédominante dans telle ou telle articulation; or il suffit qu'elle soit localisée ou prédominante dans un segment de membre ou dans un groupe musculaire pour que la synergie des mouvements d'un membre soit troublée.

Supposons, par exemple, que la flexion de la cuisse sur le bassin doive s'associer à une extension de la jambe sur la cuisse. Si le premier mouvement est démesuré, il sera terminé avant l'autre, et l'acte sera exécuté en deux temps; l'asynergie apparente sera en réalité subordonnée à la dysmétrie. D'autre part, les observations que nous avons faites sur les singes et sur les chiens nous autorisent à faire intervenir dans l'apparition de l'asynergie un retard réel de l'un des mouvements; nous avons vu en effet que dans certaines conditions expérimentales, on peut constater le retard à la correction d'une attitude.

La même réflexion peut s'appliquer encore à l'expérience qui consiste à faire porter le bout du pied sur un point situé à 60 centimètres au-dessus du sol. L'asynergie, envisagée en tant que décomposition des mouvements, est donc un phénomène assez complexe dans lequel interviennent divers éléments. En résumé, parmi les troubles dits asynergiques, observés chez les cérébelleux, les uns peuvent être la manifestation de décompositions volontaires, les autres, la conséquence d'autres troubles cérébelleux tels que la dysmétrie, l'anisosthénie.

En ce qui concerne l'absence de progression du tronc pendant la marche, l'absence des mouvements compensateurs des jambes dans la station debout et la tête renversée en arrière, et la flexion des cuisses qui l'emporte sur celle du tronc dans les tentatives faites pour passer du décubitus dorsal à la position assise; ce sont là des troubles d'une interprétation plus délicate, d'autant plus qu'ils ont été signalés chez des malades à lésions complexes. En tout cas il y a dans ces conditions plus que de la décomposition des mouvements, il y a absence de certains mouvements adaptés au maintien de l'équilibre ou à la progression.

L'asynergie primitive d'origine cérébelleuse paraît néanmoins d'autant plus plausible qu'il s'agit de mouvements auxquels participe le tronc; en effet, si on s'en rapporte aux données de la physiologie, les mouvements du tronc sont, en temps normal, moins individualisés et représentent des synergies plus complexes que ceux des membres, et il n'est pas invraisemblable qu'il existe dans le cervelet des centres affectés à ces synergies : les désordres de l'équilibre produits par les lésions cérébelleuses sont en général plus intenses que les troubles de la motilité des membres. Toutefois, comme le remarquent Babinski et Tournay eux-mêmes, lorsque le tronc de leur malade est un peu entraîné en arrière pendant la marche, cela peut être la conséquence du mouvement démesuré de la cuisse; comme nous le rappelions quelques lignes plus haut, la dysmétrie doit jouer un grand rôle dans les troubles de la statique et de l'équilibre présentés par les malades atteints d'une lésion cérébelleuse, et sans doute en est-il de même de l'*anisosthénie*; la *dysmétrie* et l'*anisosthénie* ne peuvent-elles exister pour les muscles du tronc, comme pour les muscles des membres?

2° RELATIONS ENTRE LE TREMBLEMENT
ET LES TROUBLES ÉLÉMENTAIRES OBSERVÉS CHEZ LES ANIMAUX

Le tremblement que l'on observe chez le cérébelleux peut être expliqué de différentes manières : 1° ou bien le mouvement est trop brusque, démesuré, et le malade le corrige spontanément par l'intervention des muscles antagonistes ; 2° ou bien il se produit des arrêts et des reprises dans la contraction musculaire (André-Thomas et Jumentié). Cette dernière hypothèse paraît assez vraisemblable : « L'excitation volitionnelle qui déclenche le mouvement ne se prolonge pas en une contraction tonique, (comme cela a lieu normalement). Le cerveau supplée en partie à l'insuffisance du cervelet, mais d'une manière incomplète ; il ne réussit pas à fusionner, du moins d'emblée, les incitations volitionnelles qui président au mouvement. C'est pourquoi le mouvement a changé de caractère ; au lieu d'être tonique, il est clonique, épileptoïde, discontinu, traduisant ainsi les interventions répétées et successives de l'écorce cérébrale. » Luciani avait fourni une interprétation analogue.

Le tremblement ou la discontinuité du mouvement existaient chez plusieurs de nos animaux. Sans abandonner complètement l'hypothèse précédente, nous pouvons faire également appel à la dysmétrie et à l'anisosthénie pour expliquer ces symptômes.

Quelle que soit l'influence sthénique que le cervelet exerce sur les muscles, qu'elle soit hypo ou hyper, elle est susceptible de se manifester ou d'être représentée dans toutes les actions motrices. Vient-elle à faire défaut pour certains groupes musculaires, à la suite d'une lésion cérébelleuse, l'influx cérébral se fait davantage sentir dans leurs contractions, qui revêtent une forme spéciale. L'hypothèse suivante est peut-être encore] lus séduisante : au moment où des muscles hyposthéniques se contractent volontairement, ils peuvent provoquer une réaction de leurs antagonistes, qui sont hypersthéniques, d'où les arrêts et les reprises du mouvement. c'est-à-dire le tremblement.

On ne peut méconnaître une certaine analogie entre le tremblement et les troubles de l'écriture, que l'on observe chez les individus atteints d'une affection cérébelleuse, et qui relèvent sans doute du même mécanisme.

3° RESSEMBLANCES ENTRE CERTAINS TROUBLES OBSERVÉS CHEZ LES ANIMAUX ET L'ADIADOCOCINÉSIE

Chez le singe en marche, dont le membre malade se met en hyperextension à un tel degré que le pied repose à un moment donné sur sa face dorsale et y reste trop longtemps avant de se fléchir et de se porter en avant (*fig.* 74, 75 et 76), il y a à la fois une exagération du mouvement d'extension, et un retard du mouvement de projection de la jambe. On peut lui comparer dans une certaine mesure le retard de l'extension dans la main du chien : lorsque saisies et fléchies, puis levées au-dessus du sol, les deux mains sont abandonnées à elles-mêmes : la main saine retombe sur la face palmaire (*fig.* 74, 75 et 76), la main malade d'abord sur la face dorsale, puis sur la face palmaire.

Dans les mouvements successifs d'extension et de flexion qu'exécute le membre postérieur du singe pendant la marche, il y a non seulement exagération de l'activité de certains muscles, mais encore un retard dans l'intervention d'autres muscles qui doivent agir immédiatement après eux. On peut dire que certains mouvements se prolongent trop et que les mouvements inverses qui leur succèdent commencent trop tard.

Ce trouble peut être rapproché de l'adiadococinésie[1] décrite par Babinski chez des malades atteints de lésions du cervelet. Il n'est pas invraisemblable, suivant une opinion déjà exprimée par Rothmann, qu'avec une observation minutieuse chez l'homme, on ne puisse constater des altérations de l'adiadococinésie limitées ou prédominantes dans certains mouvements.

Pour que l'adiadococinésie soit parfaite, il est indispensable, d'après Babinski, que chacun des mouvements successifs soit bien réglé, ne dépasse pas la mesure et que le temps perdu entre deux mouvements successifs soit réduit au minimum.

L'adiadococinésie, que l'on rencontre chez les cérébelleux, peut résulter : 1° de la dysmétrie dans chaque mouvement considéré isolément ; 2° de la décontraction trop lente des muscles ; 3° d'un retard entre l'incitation volontaire et la contraction (André-Thomas et Jumentié). Chez un malade examiné par eux et présentant un syndrome très comparable à celui de l'atrophie olivo-ponto-cérébelleuse, ces auteurs n'ont constaté aucun retard ni dans l'incitation volontaire ni dans la décontraction, et l'adiadococinésie paraissait être la conséquence de la dysmétrie.

Les phénomènes que nous avons signalés chez nos animaux, le singe en particulier, jettent quelque lumière sur le mécanisme de l'adiadococinésie. Peut-être dans un certain nombre de cas cliniques celle-ci est-elle uniquement sous la dépendance de la dysmétrie, mais peut-être aussi dans d'autres cas le mécanisme est-il plus complexe. Notre singe **Alphonse** prolonge au delà du temps et de l'espace utiles le mouvement d'extension du membre postérieur ; la décontraction de ses extenseurs est trop lente et

---

1. L'adiadococinésie est la perte de la faculté d'exécuter des mouvements alternatifs à succession rapide.

l'incitation motrice de ses muscles fléchisseurs est trop tardive ; c'est pourquoi le pied traîne un certain temps sur le sol avant d'être porté en avant (*fig.* 74, 75 et 76).

Peut-être ces retards sont-ils eux-mêmes subordonnés au trouble plus élémentaire que nous avons précédemment signalé : l'animal corrige insuffisamment ou corrige trop tard les attitudes imprimées aux membres dans certaines directions, d'une part à cause de l'hyposthénie des muscles antagonistes et, d'autre part, à cause de l'hypersthénie des muscles qui agissent dans le même sens que l'attitude anormale. Pendant la marche, le singe **Alphonse** prolonge le mouvement dans le sens des muscles hypersthéniques, c'est-à-dire l'extension, et le mouvement de projection du membre est en retard à cause de l'hyposthénie des muscles antagonistes ou fléchisseurs. Et nous ferons remarquer à ce propos qu'il n'est pas illogique de supposer que chez les animaux porteurs de lésions cérébelleuses l'incitation motrice qui obéit immédiatement à la volonté dans un mouvement simple isolé, quand il s'agit de passer de la position de repos à l'activité, soit en retard quand le même mouvement succède à un mouvement de sens contraire ; il suffit pour cela qu'il soit exécuté par des muscles qui sont devenus incapables de corriger les attitudes passives.

Tout ceci peut s'appliquer à l'homme, car chez les individus atteints de lésions cérébelleuses il peut exister aussi des troubles de la musculature répartis dans certains groupes musculaires suivant une certaine direction (voy. page 58). Les faits que nous avons observés nous paraissent en tout cas apporter une explication rationnelle du phénomène décrit sous le nom d'adiadococinésie.

D'ailleurs même en expliquant l'adiadococinésie par la dysmétrie seule, on revient fatalement à la même interprétation. Nous avons exposé quelques lignes plus haut les rapports intimes qui existent entre la dysmétrie et les perturbations survenues dans la musculature suivant certaines lignes de direction (passivité, retard à la correction d'une attitude, anisosthénie).

Les troubles de la parole (parole scandée et traînante), si typiques chez les malades atteints de lésions cérébelleuses telles que l'atrophie olivo-ponto-cérébelleuse (J. Dejerine et André-Thomas), nous paraissent relever d'un trouble qui tient à la fois de la dysmétrie et de l'anisosthénie.

4ᵉ LES TROUBLES PRODUITS PAR UNE LÉSION CÉRÉBELLEUSE DÉPENDENT-ILS D'UNE ALTÉRATION DE LA SENSIBILITÉ

On constate, tout au moins au début, dans les segments de membre mobilisés par des muscles dont l'équilibre sthénique est troublé, un manque de réaction aux excitations superficielles ou profondes, qu'elles soient susceptibles ou pas susceptibles de produire de la douleur.

Chez le chien **Marius**, dont le membre antérieur malade est facilement mobilisable sans réaction, la percussion, la compression ou même la piqûre avec la pointe du compas de Weber n'en provoquent pas le retrait, du moins pendant les premiers jours qui suivent l'opération, tandis que le membre sain est retiré immédiatement. Plus tard, le retrait est moins prompt, puis le retour à la normale s'effectue progressivement.

Chez le chien **Samson**, dont la passivité articulaire est limitée à la hanche droite et à l'abduction, le membre est retiré aussitôt lorsque l'excitation porte sur le pied, aussi bien à droite qu'à gauche; si l'on pique ou l'on pince très fort la face externe de la cuisse, le membre gauche (sain) se porte aussitôt en adduction, le droit (malade) reste inerte. Il suffit de passer la pointe du compas sur la main gauche de la chienne **Mirza** pour qu'elle soit retirée aussitôt : à droite (côté de la lésion), aucune réaction. Des phénomènes du même ordre, mais à un plus faible degré, se voient également chez nos deux singes **Alphonse** et **Anatole**.

Tout se passe chez ces animaux comme si leurs membres malades ou des segments de membre leur étaient étrangers, par conséquent comme s'il existait des troubles de la sensibilité.

Le cervelet a été considéré par de nombreux auteurs comme un organe de sensibilité (Lapeyronie, Pourfour du Petit, Saucerotte, Foville, Pinel-Grandchamp, etc.). Sans remonter aussi loin, quelques physiologistes contemporains ont signalé également des troubles sensitifs chez les animaux privés en tout ou en partie du cervelet.

Après la destruction d'une moitié de l'organe, Russell constate, outre des troubles moteurs (titubation, incoordination des membres, parésie motrice affectant les deux membres du côté de la lésion et le membre postérieur du côté opposé), de l'anesthésie et de l'analgésie de même distribution que la parésie motrice. Après destruction totale, la sensibilité est très diminuée aux quatre membres. Mais ces troubles ne persistent pas, la sensibilité redevient peu à peu normale, en commençant par les membres antérieurs.

Lussana considérait le cervelet comme l'organe central du sens musculaire, et plus récemment Lewandowsky a repris cette théorie : d'après lui, « l'ataxie cérébelleuse est une ataxie sensorielle qui dépend d'un trouble grave du sens musculaire ».

Et pour soutenir cette opinion, Lewandowsky fait valoir la maladresse des membres, l'absence ou le retard de correction des attitudes artificiellement produites. Ces troubles s'atténuent, il est vrai, avec le temps, mais ils ne sont pas si temporaires qu'on l'avait cru tout d'abord : nous les retrouvons encore sur nos animaux quatre mois après l'opération et, comme on l'a vu un peu plus haut, le manque de correction se manifeste avec une élection spéciale pour certaines attitudes. Il est surprenant que Van Rynberk n'attache aucune importance à ces phénomènes et qu'il soutienne qu'il arrive souvent aux animaux normaux de ne pas corriger davantage les attitudes imprimées à leurs membres. Qu'on n'en déduise pas l'existence de troubles de la sensibilité, rien n'est plus juste ; mais comment nier des faits aussi évidents ?

Cependant Van Rynberk ne les nie pas tout à fait, et quand ils existent, il les explique par une sorte de dressage, de suggestion qu'on exerce sur les animaux, en répétant trop souvent chez eux la même expérience.

Cette critique nous paraît d'autant moins justifiée que chez nos animaux nous avons pris soin, dans nos recherches, de soumettre également tous les membres à des attitudes passives et dans tous les sens ; le dressage, si dressage il y a, ou plutôt le nombre des épreuves, a été toujours le même pour toutes les attitudes, comment se fait-il que le manque de correction ait été constamment observé pour la même attitude et que pour les autres la correction ait été normale ?

Le seul reproche qu'on puisse faire à Lewandowsky, c'est d'avoir donné une interprétation insuffisamment fondée des faits qu'il a observés. L'absence de correction des attitudes chez l'animal indique un manque de réaction, et c'est tout : on n'est pas en droit d'en déduire que la sensibilité (consciente) est abolie ; nous disons sensibilité consciente, car c'est celle-là seule qui peut être en cause, et nous ne nous représentons guère ce que l'on peut désigner sous le terme de sensibilité inconsciente.

L'observation clinique est, d'autre part, peu favorable à cette hypothèse, parce que, chez l'homme, dans le cas de lésions strictement localisées au cervelet, les troubles de la sensibilité font défaut.

Toutefois, chez deux malades présentant un syndrome très comparable à celui des affections cérébelleuses, Lotmar a signalé l'existence d'un trouble de la sensiblité profonde, qui consiste dans l'estimation insuffisante des poids. Le même fait a été noté plus récemment dans des conditions analogues par Maas, puis par Goldstein ; du côté malade les poids étaient estimés au-dessous de leur valeur.

Il y a lieu de faire quelques restrictions sur la valeur de ces observations, les deux premières manquent de vérification anatomique. Le cas récemment publié par Goldstein est complexe ; il s'agit d'une cysticercose méningée et cérébelleuse, la substance cérébrale est épaissie, il y a, en outre, de l'hydrocéphalie. Le symptôme en question n'a été révélé qu'au cours des examens pratiqués dès le lendemain de l'opération, tandis que les jours précédents il faisait défaut, et il n'a pu l'être que dans un délai très court, puisque la mort est survenue une semaine après l'opération.

Malgré les réserves, qu'il est prudent de faire sur l'état de la sensibilité chez les animaux ou les malades porteurs de lésions cérébelleuses, nos expériences laissent cependant entrevoir le rôle qui revient à certaines impressions périphériques dans le mécanisme régulateur du cervelet.

5° RAPPORTS ENTRE LES RÉSULTATS DE NOS EXPÉRIENCES ET L'ÉPREUVE DE L'INDEX

C'est très judicieusement que Rothmann a rapproché les résultats de ses expériences de ceux qu'a obtenus Barany, en pratiquant l'*épreuve de l'index* chez des malades atteints de lésions

cérébelleuses. A notre tour nous avons été frappés par les analogies et même les ressemblances qui existent entre ces deux
ordres de faits.

Au cours de ses recherches sur les réflexes du nerf vestibulaire et sur le nystagmus provoqué, Barany avait constaté des
mouvements réactionnels non seulement dans les yeux, mais
encore dans le tronc et dans les membres. Après avoir étudié
les variations de ces derniers réflexes dans les maladies de l'appareil vestibulaire, il fut amené, en s'appuyant, d'une part sur
des considérations d'ordre anatomique et physiologique, d'autre
part sur un certain nombre d'observations cliniques, à supposer
que les réflexes provoqués par les excitations labyrinthiques sont
déclanchés au niveau du cervelet.

Voici en quoi consiste l'expérience fondamentale de Barany :
on provoque chez un sujet normal un nystagmus horizontal à
droite, en le faisant tourner par exemple sur un appareil à centrifugation et on le prie ensuite de lever le bras. Au lieu de se
porter directement en haut, il se porte en même temps à gauche.
Rappelant que le nystagmus se compose de deux secousses,
une lente, qui porte les globes oculaires vers la gauche, une
brusque, qui les porte vers la droite, Barany assimile la déviation du bras vers la gauche à la secousse lente du nystagmus,
mais le retour du bras à la normale ne se fait qu'exceptionnelle-
ment d'une manière brusque. Il existerait en somme un nystagmus du bras, comme il existe un nystagmus des yeux.

Il est plus avantageux de substituer à l'expérience précédente
l'épreuve de l'Index (*Zeigeversuch*), qui permet de faire des
expériences dans toutes les positions du membre et pour toutes
les articulations. Ainsi, pour rechercher les déviations qui
prennent leur point de départ dans l'articulation de l'épaule, on
invite le sujet, les yeux fermés, à toucher par-dessous le doigt

de l'observateur placé en face de lui ; il doit appuyer ensuite le bras tendu sur son propre genou, et il est invité à élever de nouveau le bras jusqu'à ce que son doigt entre en contact avec celui de l'observateur.

Au lieu de rencontrer le doigt, il se porte à gauche, si on a provoqué au préalable un nystagmus à droite ; à droite, si le nystagmus provoqué est à gauche.

Pour l'articulation de la main on procède de la manière suivante : l'avant-bras est placé sur le dos d'une chaise et l'observateur le fixe avec la main gauche. Le sujet en expérience fléchit l'articulation du poignet ; l'index étendu — les autres doigts fermés dans la main — touche l'index de l'observateur dans toute sa longueur. Il abaisse alors la main seule, puis il élève de nouveau l'index pour rencontrer celui de l'observateur. Existe-t-il un nystagmus à droite. l'index dévie à gauche, dans le même sens que la secousse lente du nystagmus. La déviation se produit dans le même sens, quelle que soit la position de la main : en pronation ou supination. Nous n'insistons pas davantage sur cette technique ; il est aisé de deviner dans quelles conditions il faut expérimenter pour l'articulation du coude.

Bien qu'il s'agisse de mouvements volontaires, Barany admet que l'innervation centrale, qui dans ces conditions préside à l'exécution du mouvement, est sous la dépendance des excitations vestibulaires et que l'intermédiaire entre l'une et les autres est le cervelet.

La déviation de l'index à gauche peut se produire, quelle que soit la direction du nystagmus; mais alors il est nécessaire de modifier la position de la tête. La déviation est donc fonction de deux conditions : l'excitation qui provient des canaux semi-circulaires et l'excitation de la position de la tête (à chaque excitation des canaux semi-circulaires correspond une excitation d'attitude céphalique pour provoquer ensemble une déviation de direction précise). Cette combinaison se ferait, d'après Barany, dans la couche glomérulaire de l'écorce cérébelleuse.

Il nous est impossible de suivre Barany dans les considérations d'ordre anatomique qu'il fait valoir pour soutenir une telle opinion et qui d'ailleurs sont discutables, parce qu'elles reposent sur des rapports histologiques contestables ou insuffisamment démontrés. Barany admet — et c'est là le point fondamental — que dans chaque hémisphère cérébelleux, il y a une représentation de la musculature suivant les articulations et suivant la direction du mouvement.

Pour chaque direction. il n'existerait qu'une représentation; mais chaque muscle et chaque articulation seraient représentés au moins quatre fois dans chaque hémisphère.

Les considérations cliniques qu'il apporte à l'appui de cette opinion sont autrement plus importantes et plus séduisantes que les considérations anatomiques.

Chez les individus porteurs de lésions diverses du cervelet, les réactions que l'on voit apparaître chez un sujet normal soumis au nystagmus provoqué disparaissent en totalité ou en partie ; en outre il existe une *déviation spontanée de l'index* (en dehors de tout nystagmus provoqué) qui a lieu dans le sens opposé à celui de la déviation de l'index, qui aurait dû se produire pendant l'épreuve du nystagmus provoqué et qui ne se produit plus. Ainsi, le mouvement de réaction en dedans de l'extrémité supérieure manque pendant le nystagmus provoqué, mais il existe une déviation spontanée en dehors. C'est le fait le plus fréquent observé en clinique par Barany, et il s'agit dans la plupart des cas de tumeurs de l'acoustique (tumeurs de l'angle ponto-cérébelleux . d'abcès cérébelleux, de traumatisme.

Le phénomène de la déviation spontanée n'est parfois que

transitoire, parce que le cerveau compense le cervelet. C'est
pourquoi il faut procéder de telle manière que le malade ne se
rende pas compte de son erreur, et il est prudent, lorsqu'il se
produit une déviation, de venir au-devant de l'index; l'erreur
échappe alors complètement au malade et l'épreuve donne des
résultats plus persistants.

Ils le seraient davantage lorsque le trouble ne porte que sur
l'une ou l'autre position de l'extrémité, tandis qu'il existe une
réaction en sens opposé.

Chez un sujet opéré d'un abcès du cervelet siégeant à droite et
guéri, l'écorce cérébelleuse, en arrière de l'oreille, n'était recou-
verte que par la peau et la dure-mère sur une étendue de
cinq couronnes. Barany refroidit cette région avec le chloré-
thyle. Au bout de deux à trois minutes le malade présentait une
déviation spontanée du bras et de la jambe vers la droite ; la réaction à gauche disparaissait après dix tours de rotation sur la
gauche.

L'auteur en conclut que le centre pour les mouvements à
gauche du bras droit se trouve immédiatement derrière l'oreille;
immédiatement en arrière serait celui du pied.

Chez un malade qui fut opéré par Moszkovicz et chez lequel
on supposait la présence d'un kyste dans l'hémisphère droit du
cervelet, cet hémisphère fut incisé en deux endroits correspondant au pôle postérieur de l'hémisphère droit, c'est-à-dire à
l'extrémité interne du lobe semi-lunaire supérieur et inférieur
et aussi à 2 ou 3 centimètres en dehors de ce point, par conséquent à peu près au milieu du lobe semi-lunaire supérieur et
inférieur. Après l'opération il existait une déviation (Vorbeizeigen) du bras droit en haut (20 centimètres environ) et à gauche
(15 centimètres) ; on observait en outre de l'ataxie et une faiblesse plus grande du bras droit qu'avant l'opération, ainsi que

de l'adiadococinésie. Rien au membre inférieur, rien au coude
et à la main.

Chez un autre malade opéré par Eiselsberg, et dont le cervelet avait été lésé au cours de l'opération, au niveau du pôle postérieur des deux hémisphères c'est-à-dire au niveau du lobe semi-
lunaire supérieur et inférieur, Barany put constater plus tard
l'existence d'une déviation en haut, qui persista sans modification
pendant plusieurs jours.

En présence d'une telle concordance Barany insiste sur l'importance de l'épreuve de l'index pour le diagnostic du siège des
lésions dans l'écorce cérébelleuse. Actuellement il a examiné
environ une vingtaine de cas, dans lesquels le siège de la
lésion a pu être établi puis vérifié soit au cours de l'opération,
soit à l'autopsie.

Chez trois malades opérés par Horsley, la réaction du bras
gauche vers la gauche manquait, après production d'un nystagmus horizontal vers la droite. Barany conclut à une lésion
de l'hémisphère gauche, ce qui était exact (il s'agissait d'un
kyste). Chez un autre malade la réaction du bras gauche vers la
droite et parfois aussi en bas faisait défaut ; il s'agissait encore
d'un kyste de l'hémisphère gauche. Les réactions manquaient
des deux côtés chez un malade qui avait subi des opérations
sur les deux hémisphères.

Voici encore quelques cas démonstratifs : — Abcès de l'hémisphère cérébelleux droit, déviation spontanée du bras droit en
dehors et absence de la réaction en dedans. — Abcès d'un hémisphère cérébelleux, absence de réaction en dedans dans le bras
du même côté. — Abcès de l'hémisphère gauche : déviation spontanée du bras gauche à gauche, absence de réaction du même
bras vers la droite. — Abcès de l'hémisphère droit opéré :
absence de réaction dans le bras droit vers la gauche. — Ponc-

tions cérébelleuses : déviation en dehors du bras du côté opér
— Méningite séreuse circonscrite : symptômes correspondants
semblables à ceux des abcès du cervelet. — Abcès du cervele
consécutif à une otite : absence de réaction en dedans dans le
bras du côté opéré.

Barany a répété dans cinq cas l'épreuve du refroidissement,
précédemment signalée. Dans chaque cas l'épreuve a été recom-
mencée plusieurs fois : dans les 17 expériences la zone refroidie
a toujours été la même, c'est-à-dire la partie antérieure et postérieure du lobe digastrique. Dans tous ces cas il se produisit
une déviation spontanée du bras en dehors et la réaction pro-
voquée manquait en dedans. Lorsque la réfrigération portait
plus en arrière et en dehors il en était de même pour la jambe.

Voici les principales déductions que Barany a tirées de ses
expériences :

1º Il existe une localisation tout à fait précise dans le cervelet de l'homme ;

2º La représentation des membres siège dans des parties
limitées de l'écorce des hémisphères cérébelleux ;

3º D'accord avec la conception de Bolk et les recherches
expérimentales, les centres des membres supérieur et inférieur
droits se trouvent dans les *lobes semi-lunaires supérieur, inférieur* et *digastrique* de l'hémisphère droit ;

4º La représentation de la musculature correspond à la direction des mouvements.

Il existe quatre centres pour les directions des mouvements à
droite et à gauche, en haut et en bas; à l'intérieur de ces quatre
centres la musculature est disposée suivant les articulations et
la position des articulations.

Un centre entier affecté à une direction de mouvement est-il
détruit, il en résulte une déviation spontanée du membre su-

périeur et du membre inférieur, dans certaines directions, par exemple à droite, pour toutes les articulations et dans toutes leurs positions ; c'est-à-dire dans l'articulation de la main pour les mouvements de bas en haut, aussi bien la paume dirigée en haut qu'en bas, dans l'articulation du coude, l'avant-bras en supination ou en pronation, dans l'articulation de l'épaule, que le bras soit en rotation en dedans ou en dehors, dans l'articulation de la hanche, que le pied soit tourné en dedans ou en dehors, enfin dans l'articulation du genou. L'articulation du pied n'a pas été examinée isolément.

Lorsque la lésion est petite, le bras ou le coude ou la main, dans l'une ou l'autre position, peuvent être seuls atteints. C'est ainsi que la déviation spontanée peut exister, la paume regardant en bas, et manquer la paume regardant en haut : Barany a constaté le fait plusieurs fois ;

5° Cet auteur admet que la musculature reçoit du cervelet un tonus, au maintien duquel participe plus ou moins l'appareil vestibulaire ;

6° Après la destruction subite d'un centre affecté à une direction déterminée, il se produit une déviation spontanée en sens inverse. Au bout d'un certain temps (par l'intervention de l'influence compensatrice du cerveau ou du cervelet) la déviation spontanée peut disparaître.

Les principaux centres de direction occuperaient d'après Barany les sièges suivants (*fig*. 87 et 88) :

Le *centre pour la direction en bas* du membre supérieur siège dans l'extrémité médiane et postérieure du lobe semi-lunaire inférieur.

Le *centre pour la direction en dehors* du membre supérieur siège à l'angle externe des hémisphères, dans le territoire des lobes semi-lunaires supérieur et inférieur.

Le *centre pour la direction en dedans* de l'articulation de la main se trouve dans la partie la plus antérieure du lobe digastrique. Le centre pour la position de la main, la paume dirigée en bas, est placé plus en dedans que le centre pour la position de la main, la paume dirigée en haut.

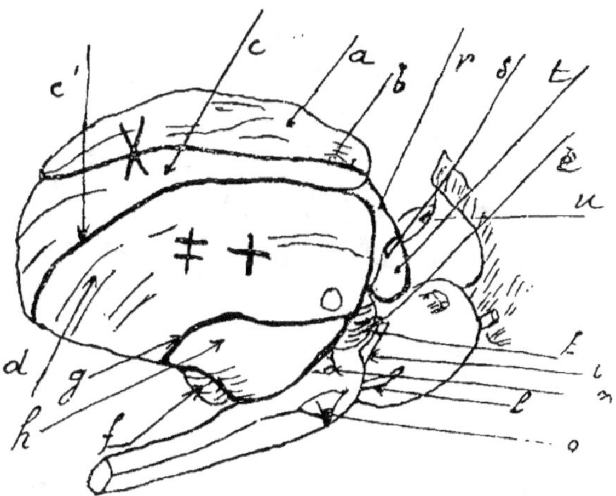

Fig. 87. — Localisations cérébelleuses chez l'homme, d'après Barany.
Cervelet vu par sa face latérale et inférieure.

a, lobe semi-lunaire supérieur ; — *b*, grand sillon horizontal ; — *c*, lobe semi-lunaire inférieur ; — *c'*, sillon postéro-inférieur ; — *d*, lobe médian inférieur (digastrique ; — *e*, flocculus ; — *f*, tonsille ; — *g*, sillon antéro-inférieur ; — *h*, lobe antéro-inférieur ; — *i*, nerf facial ; — *k*, nerf auditif ; — *l*, nerf moteur oculaire externe (abducens) ; — *m*, trijumeau ; — *n*, glosso-pharyngien ; — *o*, hypoglosse ; — *p*, nerf moteur oculaire commun ; — *r*, lobe médian supérieur ; — *t*, lobe antéro-supérieur ; *u*, tubercule quadrijumeau.

O, centre pour le tonus en dedans de l'articulation de la main.
+, centre pour le tonus en dedans de l'articulation du bras.
±, centre pour le tonus en dedans de l'articulation de la hanche.
X, centre pour le tonus en dehors de l'articulation du bras.

En dehors et en arrière se trouve vraisemblablement le centre pour l'articulation du coude et plus en arrière le centre pour l'articulation de l'épaule.

Encore plus en dehors et en arrière est le centre pour l'articulation de la hanche.

Barany a encore remarqué — et le fait vaut la peine d'être souligné — que dans les affections du cervelet on constate constamment une exagération très manifeste de la force des mouvements de réaction : les réactions de la main, qui font si souvent

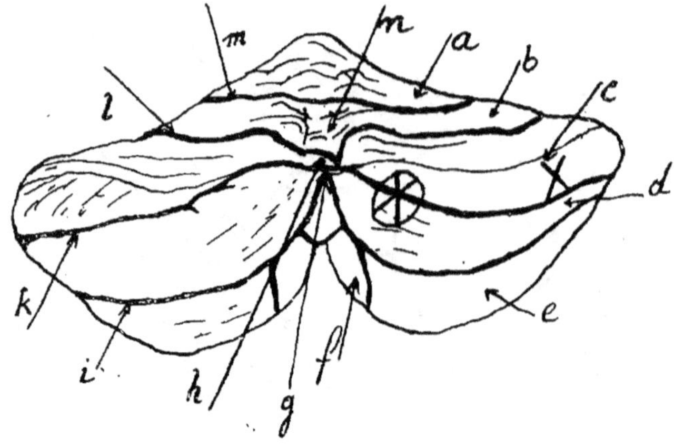

Fig. 88. — Localisations cérébelleuses chez l'homme, d'après Barany.
Cervelet vu par sa face postérieure.

a, lobe antéro-supérieur : *b*, lobe médian supérieur : *c*, lobe semi-lunaire supérieur : — *d*, lobe semi-lunaire inférieur ; — *e*, lobe médian inférieur (digastrique) ; — *f*, tonsile ; — *g*, tubercule valvulaire ; — *h*, folium cacuminis ; — *i*, sillon inféro-postérieur ; — *k*, grand sillon horizontal ; — *l*, sillon postéro-supérieur ; — *m*, sillon antéro-supérieur ; — *n*, déclive.

⊗, centre du tonus d'abaissement du bras dont la paralysie donne lieu à une déviation en haut.

X, centre pour le « tonus en dehors » dont la paralysie donne lieu à une déviation en dedans.

défaut chez les personnes normales, ont pu être constatées fréquemment chez des cérébelleux.

Le même auteur ajoute enfin que, tandis que dans les maladies du cervelet, le mouvement est seulement paralysé dans une direction et qu'il est rare que plusieurs centres soient atteints, dans les lésions des faisceaux il peut y avoir abolition des éractions dans plusieurs sens, parce qu'il est possible que toutes les fibres soient détruites.

Des recherches cliniques de Barany, nous nous bornerons à retenir actuellement deux des principales déductions :

1° Il paraît établi qu'il existe des centres de direction, pour les membres du même côté et pour chaque articulation, dans l'écorce de chaque hémisphère cérébelleux ;

2° La paralysie ou la suppression de ces centres a pour conséquence une paralysie musculaire dans une direction donnée

Fig. 89.

et une exagération d'activité des muscles qui agissent en sens inverse.

Ces deux faits sont tout à fait comparables aux résultats de l'étude expérimentale que nous avons faite sur les localisations cérébelleuses. Chez nos animaux, chiens ou singes, la passivité articulaire dans un sens et l'augmentation de résistance dans le sens inverse paraissent aussi démontrer qu'il existe dans la région du cervelet détruite un centre pour une direction déterminée.

Chez les chiens qui ont subi de plus grosses destructions du cervelet les membres subissent parfois des déviations brusques dans une direction : c'est le cas du chien représenté dans la figure 89 et emprunté à la thèse de l'un de nous. Pendant les premiers essais de marche les deux membres antérieurs étaient en abduction afin d'élargir la base de sustentation, mais subitement le membre antérieur revenait en adduction et l'animal s'affaissait comme une masse du même côté. Ces déviations brusques et passagères ont été également signalées par Barany chez des malades atteints de lésions cérébelleuses.

Nous avons observé un cas clinique qui concorde très bien avec les faits signalés par Barany. Il s'agit d'une petite fille âgée de onze ans, qui est venue consulter l'un de nous pour des troubles de la marche et de l'équilibre, qui remontaient à environ six ou sept mois : l'enfant se plaignait également de la tête qui avait beaucoup grossi depuis la même époque et de troubles de la vue.

Cette enfant frappa tout d'abord notre attention par sa démarche cérébello-spasmodique : les jambes étaient raides et en même temps écartées, elles se détachaient assez difficilement du sol. La progression ne se faisait pas régulièrement. elle était lente et hésitante ; le corps se portait trop à droite ou à gauche, et souvent il avait une tendance à rester en arrière ; sans être très accusée. la titubation était manifeste.

L'examen des membres révélait les particularités suivantes : état légèrement spasmodique avec exagération des réflexes tendineux aux quatre membres, trépidation épileptoïde aux membres inférieurs, pas de paralysie. Dysmétrie nette aux membres supérieurs et aux membres inférieurs ,plus marquée à droite pour le membre inférieur,, avec adiadococinésie. Tremblement intentionnel léger au membre supérieur gauche, ou mieux discontinuité du mouvement, mais pas de déviation du but. pas d'ataxie.

Nous avons pu suivre l'enfant pendant quelques jours et nous avons constaté qu'au moment où elle sortait de son lit pour se lever elle avait une tendance à tomber à la renverse. Si on la laissait livrée à elle-même, le haut du corps se portait en arrière, mais les membres inférieurs exécutaient aussitôt les mouvements synergiques, et au lieu d'assister à une chute, on remarquait un mouvement de recul typique. D'ailleurs quand cette enfant était assise sur le bord de son lit, le haut du corps tendait également à se porter en arrière, mais elle était consciente de cette rétropulsion et elle se redressait chaque fois avec succès.

Cette rétropulsion était souvent combinée à une déviation latérale qui avait toujours lieu vers la gauche, et la religieuse qui était chargée de lui donner des soins devait la remettre en place plusieurs fois par jour, parce que dans son lit le haut du corps se laissait toujours entraîner en arrière et à gauche.

Ce syndrome (titubation, dysmétrie, adiadococinésie, chute à la renverse et à gauche) faisait penser immédiatement à une affection du cervelet. La rigidité spasmodique des membres, d'ailleurs assez légère, pouvait être mise sur le compte de l'hydrocéphalie, dont témoigne du reste l'augmentation énorme du volume de la tête, dont le tour atteignait 60 centimètres.

L'enfant ne se plaignait ni de vertiges, ni de nausées, jamais elle ne vomissait, par contre la céphalée était assez tenace, surtout depuis trois mois ; l'examen du fond de l'œil pratiqué par le Dr Rochon-Duvigneaud révéla une stase papillaire double, notablement plus marquée *du côté gauche*. Nous signalons en passant quelques secousses nystagmiques intermittentes, dans la direction latérale du regard, à droite ou à gauche.

Dans le passé de cette petite malade, nous trouvions une rougeole et une appendicite à l'âge de cinq ans, une scarlatine à huit ans ; déjà à cette époque, au dire des parents, la tête aurait commencé à grossir ?

En résumé, tout concorde dans cette observation pour faire
accepter le diagnostic d'une tumeur ou d'un kyste du cervelet.
A la ponction lombaire, le liquide céphalo-rachidien s'était
écoulé en jet : ni albumine, ni lymphocytose ; réaction de Was-
sermann négative sur le sang et sur le liquide céphalo-rachidien. (Cependant la précocité de l'élargissement de la tête
pourrait faire penser à une épendymite.)

La tendance au recul était en faveur d'une tumeur du vermis ;
la légère inclinaison vers le côté gauche et la prédominance
des troubles au membre supérieur gauche permettaient de supposer qu'elle débordait davantage sur l'hémisphère gauche (du
moins en ce qui concerne les centres du membre supérieur, car
aux membres inférieurs c'était l'inverse, le membre droit était
plus dysmétrique que le gauche).

Chez cette petite malade nous avons recherché l'épreuve de
l'index, telle qu'elle est pratiquée par Barany. Les yeux étant
fermés, nous appliquons l'index de la malade sur notre propre
index, et nous l'invitons à élever le bras, puis à l'abaisser jusqu'à
ce que son index rencontre le nôtre : dans cette première expérience, l'avant-bras est en extension sur le bras. Les résultats sont
les suivants : à droite l'index de la malade rencontre constamment
le nôtre ; à gauche, il dévie toujours en dedans, et l'écart est
d'autant plus grand que notre index est placé plus en dehors.

Nous recommençons l'épreuve, mais en ayant soin au préalable de plier l'avant-bras sur le bras, de telle manière que tout
le mouvement se fasse dans le coude ; le bras est d'ailleurs immobilisé. Les résultats sont les mêmes ; l'index droit rencontre toujours notre index, l'index gauche dévie toujours en dedans, et la
déviation est d'autant plus marquée que notre index est placé
plus en dehors. La déviation spontanée (*Vorbeizeigen*) n'existe
que du côté gauche et a toujours lieu en dedans.

Nous avons déjà exposé les raisons qui nous avaient fait localiser la lésion dans le vermis avec un empiètement sur le côté gauche ; l'expérience précédente est un nouvel argument en faveur de ce diagnostic. En effet la déviation du membre supérieur n'existe que du côté gauche, ce qui indique, d'après les études de Barany, la participation de l'hémisphère gauche. En outre l'orientation même de cette déviation de dehors en dedans a une certaine importance au point de vue de la localisation : Barany a observé surtout la déviation des membres en dehors chez la plupart des malades qu'il a examinés (il s'agissait ordinairement de tumeurs de l'acoustique, d'abcès cérébelleux). Chez l'homme, d'après Barany, la déviation en dehors se rencontre dans les lésions atteignant la partie antérieure du lobe grêle et du lobe digastrique, la déviation en dedans dans les lésions siégeant au milieu du bord postérieur du lobe semi-lunaire (inférieur et supérieur). D'autre part, chez le chien la destruction du centre du membre antérieur donne lieu à une déviation en dehors lorsque le segment latéral est détruit, et à une déviation en dedans lorsque le segment médian est atteint (observations de Rothmann, observations personnelles). Mais le cervelet du chien est tellement différent de celui de l'homme qu'on ne saurait appliquer sans réserves au second les indications fournies par le premier.

La déviation en dedans de l'index chez notre petite malade indiquerait donc que la lésion a surtout endommagé les régions du centre du membre supérieur les plus rapprochées de la ligne médiane ; et en effet, logiquement c'est cette région qui a dû subir la première le contre-coup d'une tumeur développée dans le vermis. Évidemment la vérification anatomique manque, puisque il n'y a eu ni opération, ni autopsie ; mais cette observation nous paraît présenter un réel intérêt, tout d'abord à cause de la présence d'une déviation latérale du membre gauche vers la droite, et ensuite à cause de la concordance qui existe entre le sens de la déviation de l'index et le syndrome présenté par la petite malade, pour faire admettre la participation de l'hémisphère gauche dans sa partie la plus médiane.

Nous signalons encore un phénomène assez intéressant à cet égard ; l'épreuve de la résistance (*Widerstandsprüfung*) de Holmes et Stewart a donné à gauche et pour le membre supérieur un résultat positif.

Quand on priait la malade de plier fortement l'avant-bras, tandis qu'on s'y opposait énergiquement, au moment où la résistance venait à manquer subitement, la main gauche heurtait la poitrine : au contraire la main droite, après avoir continué le mouvement initial de flexion, exécutait un mouvement brusque d'extension comme chez un sujet normal. Comme l'un de nous l'a déjà fait remarquer, cette expérience n'a une réelle valeur que s'il n'existe pas d'hypotonie dans l'articulation examinée, et c'était le cas de notre petite malade, chez laquelle la flexion passive du coude était de même amplitude à droite et à gauche. Ce manque de résistance à gauche vient encore à l'appui de la participation de l'hémisphère gauche. D'ailleurs l'épreuve de Holmes et Stewart est à rapprocher de l'hyposthénie observée chez les animaux, dans certains groupes musculaires.

Voici encore une observation qui présente avec la précédente quelques caractères communs. Il s'agit d'une malade âgée de 45 ans environ, qui se plaint depuis quelques mois de maux de tête, de vertiges, de nausées, de vomissements et de troubles visuels. L'examen pratiqué par le Dr Monthus révèle une double stase papillaire plus accentuée à *gauche*.

On constate chez elle des troubles assez marqués de l'équilibre : elle marche les jambes écartées et par moments elle titube : il lui est arrivé de tomber en avant ou d'être attirée en arrière. Cependant, à d'autres moments, elle marche assez correctement, presque aussi correctement qu'une personne normale.

Lorsqu'elle se tient sur une jambe, quand on lui fait poser alternativement le pied droit et le pied gauche sur une chaise, elle tend toujours à tomber sur le *côté gauche*.

Aux membres supérieurs adiadococinésie du *bras gauche* et dysmétrie légère dans l'épreuve de préhension et du renversement de la main, de même pour mettre le doigt sur le bout du nez. Signe de Holmes Stewart à *gauche*.

Épreuve de l'index : *déviation en dedans du bras gauche.*

Aux membres inférieurs, à part quelques symptômes qui paraissent indiquer une répercussion de l'hypertension sur les culs de sac dure-mériens, on constate une déviation constante de la *jambe droite* en dedans. Rien dans la jambe gauche.

En résumé cette observation tend à faire admettre une tumeur cérébelleuse, empiétant sur le centre du membre supérieur gauche et vraisemblablement aussi sur le centre du membre inférieur droit.

En reproduisant ces deux observations qui peuvent être rapprochées de celles de Barany, nous désirons attirer l'attention d'une part sur les ressemblances qui existent entre les phénomènes cliniques et ceux de la physiologie expérimentale, d'autre part sur l'intérêt qu'il y aurait à répéter systématiquement l'épreuve de Barany chez les malades atteints de lésions cérébelleuses.

CHAPITRE III

I. — INFLUENCE DES VARIATIONS DE LA POSITION DE LA TÊTE SUR L'ATTITUDE DES MEMBRES

Dans les réactions des membres provoquées par les excitations des nerfs vestibulaires, Barany voit un phénomène complexe à la production duquel concourent à la fois l'excitation même de l'appareil vestibulaire et l'excitation produite par les variations d'attitude céphalique. Sherrington avait déjà insisté sur la complexité du mécanisme des réactions vestibulaires, et il en avait donné la preuve expérimentale : il avait montré que l'influence tonique des variations d'attitude céphalique persiste encore après la section des deux VIIIᵉ et Vᵉ paires, mais elle disparaît après la section des racines postérieures des trois premières paires cervicales.

Dans un travail récent, au cours duquel ils rapportent une série d'expériences très ingénieuses, Magnüs et de Kleijn ont pu étudier l'influence respective qu'exercent sur le tonus des membres les excitations qui prennent leur source, les unes dans l'appareil périphérique de la VIIIᵉ paire, les autres dans l'appareil périphérique du cou.

Leurs expériences ont été faites sur des animaux décérébrés suivant la méthode de Sherrington.

Pour étudier isolément l'influence du labyrinthe, ces auteurs ont sectionné les nerfs cervicaux ou bien ils ont immobilisé la région cervicale ; pour étudier les réflexes du cou, ils ont au préalable détruit les labyrinthes.

Le *tonus labyrinthique* peut être examiné dans deux conditions : 1° la tête est libre et on étudie l'influence des variations d'attitude céphalique (flexion, extension,; 2° la tête est immobilisée avec la partie antérieure du corps au moyen d'un appareil plâtré.

1° Le tonus labyrinthique des muscles extenseurs des membres, influencé par les variations d'attitude céphalique, est au maximum quand le crâne est en bas, la mâchoire en haut et le museau incliné à 45° contre l'horizontale ; il est réduit au minimum quand la tête est tournée de 180° autour de l'axe frontal.

2° Lorsque la tête est fixée sur le tronc par un plâtre, les rotations qui ne modifient pas l'inclinaison de la tête par rapport à l'horizontale sont sans action sur la production des réflexes toniques.

Le chat étant disposé de telle sorte que l'oreille est dirigée en bas, la fente buccale horizontale, le tonus d'extension est nul. Il est au maximum après un angle de rotation de 45° (fente buccale orientée obliquement en haut et en dehors, oreille en bas et en dehors) ; le tonus est au minimum quand la tête occupe la position diamétralement opposée. Le tonus diminue progressivement du point maximal au point minimal ; il augmente progressivement du point minimal au point maximal (*fig.* 90).

D'autre part, si on prend comme point de départ le décubitus latéral de l'animal, dans lequel il existe un tonus moyen, et si on le tourne autour d'un axe parallèle jusqu'à ce qu'il soit sur le dos, le tonus augmente : si on le tourne sur le ventre, il diminue.

Un seul labyrinthe suffit pour influencer le tonus des membres des deux côtés.

Les *réflexes toniques d'origine cervicale* sont les suivants :

La flexion du cou en direction dorsoventrale conduit (particulièrement si le mouvement a lieu dans les articulations cervicales moyennes) à une réaction en sens opposé des membres antérieur et postérieur. — La flexion ventrale suspend le tonus d'extension du membre antérieur, celui du membre postérieur est augmenté. La flexion dorsale produit le contraire. Le déplacement de la colonne cervicale la plus inférieure en direction ventrale suspend le tonus extenseur des quatre membres, particulièrement des membres antérieurs.

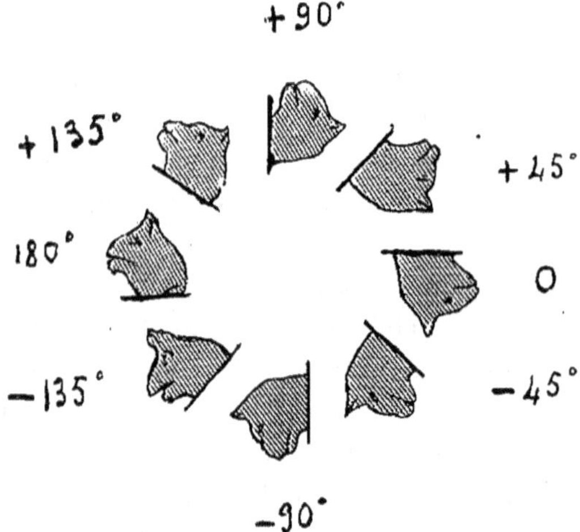

Fig. 90. — D'après Magnüs et de Kleijn.

La rotation et l'inclinaison de la tête produisent l'extension des membres dans le même côté que celui sur lequel est incliné le museau, au contraire le tonus du côté opposé est diminué.

Les modifications du tonus sont surtout manifestes dans les grandes articulations (épaule, hanche, coude, genou, etc.), au minimum dans les doigts. Elles persistent tant que durent les variations d'attitude céphalique.

Ces réflexes sont susceptibles d'être modifiés chez l'animal normal, non décérébré ; cependant, d'après les observations que Magnüs et Steijn ont faites, quelques-uns subsisteraient.

D'autre part ces auteurs ont pratiqué chez l'homme et l'enfant — dans certaines conditions pathologiques (lésions de la voie pyramidale) — des examens, dont les résultats semblent indiquer que ces réflexes ne sont pas spéciaux à l'animal.

Nous n'avons entrepris une digression aussi longue sur ces réflexes qu'en raison de quelques observations que nous avons faites sur nos animaux et qui nous paraissent du même ordre.

Chez le chien **Marius** et chez la chienne **Mirza**, l'extension de la tête produisait une élévation du membre antérieur droit (malade) qui abandonnait le sol, tandis que le gauche (sain) conservait sa position. De même si, après avoir élevé le membre antérieur droit (attitude que l'animal conservait volontiers, surtout les premiers jours), on portait la tête en extension, l'élévation du membre augmentait. Rothmann a consigné le même fait.

Il s'agit là évidemment d'un réflexe tonique d'origine céphalique, dont nous ne pouvons préciser le mécanisme ; mais nous pouvons conclure de l'expérience précédente que quelques réflexes de cette origine sont modifiés par la lésion cérébelleuse, puisque les deux membres antérieurs ne se comportent pas de la même manière.

Suspendue par la peau du dos, la chienne **Mirza** a son membre antérieur gauche fléchi, le droit étendu et moins facile à fléchir, le membre postérieur droit est étendu et dirigé en avant. Si, dans la même position du corps, la tête est mise en extension le membre antérieur gauche reste fléchi, l'extension augmente dans le membre antérieur droit ; pas de différence pour les membres postérieurs.

Fig. 91.

Fig. 92.

Dans le décubitus latéral droit, hyperextension des membres droits de **Mirza**; dans le décubitus latéral gauche, flexion des quatre membres (*fig.* 36 et 37'.

L'animal est ensuite couché sur le dos, les yeux bandés, le tronc maintenu dans l'axe longitudinal par une main. La tête est tournée (museau à gauche) autour de son axe : extension de la patte antérieure droite en adduction. La tête est tournée (museau à droite) : disparition de l'extension dans le membre antérieur droit, extension du membre postérieur droit. Lorsqu'ils sont en extension, les membres droits offrent une très grande résistance à la flexion, dans toutes les articulations. Les membres du côté lésé se comportent par conséquent d'une manière très différente des membres du côté sain, et la rotation de la tête a, suivant le sens, une influence inverse sur le membre antérieur et sur le membre postérieur (*fig.* 91 et 92).

Il existe donc une perturbation manifeste dans les réflexes toniques d'origine céphalique ; la lésion doit être, il est vrai, assez étendue chez **Mirza** et il nous est impossible d'en préciser les limites; mais, malgré les réserves qu'on peut faire à cet égard, le fait ne me paraît pas dénué d'intérêt. et il laisse entrevoir l'utilité qu'il y aurait à étudier les réflexes d'origine céphalique (labyrinthiques ou cervicaux) chez les animaux totalement ou partiellement privés de cervelet.

II. — DES TROUBLES PRODUITS PAR LES VARIATIONS DANS L'ORIENTATION DE LA BASE DE SUSTENTATION

La manière très spéciale suivant laquelle sont modifiés certains groupes musculaires affectés à une direction déterminée, nous a amenés à examiner comment se comportent les mêmes muscles, lorsqu'ils doivent intervenir dans le maintien de l'équilibre. L'un de nous avait déjà entrepris, il y a plusieurs années des expériences dans cette voie, et il avait montré, après Goltz et Ewald, le rôle qui revient au labyrinthe dans le maintien de l'équilibre pendant les mouvements passifs du corps (la base de sustentation se déplaçant suivant certains axes).

Nous avons soumis quelques-uns de nos animaux à des expériences du même ordre. Ils étaient placés sur une planche mobile, de telle sorte que le corps puisse être incliné suivant différents axes; les résultats figurent déjà dans les observations individuelles. Nous rappellerons seulement que, pendant l'inclinaison du corps en avant chez le chien **Marius**, la patte antérieure droite glisse la première. Pendant l'inclinaison en arrière, le membre postérieur droit perd un peu plus vite contact avec le sol et le reprend plus lentement, quand l'inclinaison cesse et que le corps est ramené dans sa position primitive.

La chienne **Mirza** se comporte de la manière suivante. *Inclinaison en avant :* la patte antérieure droite suit le mouvement et se porte en avant, la postérieure file également en avant. — *Inclinaison en arrière :* la patte antérieure droite se décolle et se porte en arrière, il en est de même de la postérieure. —

Inclinaison latérale : la patte antérieure droite suit toutes les inclinaisons, la patte postérieure droite s'élève dans l'inclinaison à gauche.

Chez le chien **Samson**, pendant *l'inclinaison en arrière* la patte postérieure droite tend à se porter en arrière. Pendant l'*inclinaison latérale droite*, déplacement du membre postérieur dans le même sens que l'inclinaison ; rien de semblable pour le membre postérieur gauche pendant l'inclinaison à gauche.

En résumé, la stabilité des membres malades est diminuée ; mais, à mesure qu'on s'éloigne du jour de l'opération, les phénomènes sont moins perceptibles. Cependant, chez le chien **Marius**, plusieurs semaines après l'opération, on voit la patte antérieure droite se décoller dès qu'on fait basculer la planche en avant et, dans le mouvement inverse, elle ne reprend contact avec le sol que lentement.

En outre, il semble que la direction dans laquelle prédomine le manque de stabilité correspond à celui de la passivité : c'est le cas de **Samson**.

L'un de nous a noté des phénomènes du même ordre chez des chiens qui avaient subi préalablement la section bilatérale de la VIIIe paire.

L'animal en expérience, les yeux bandés, était placé sur une planche mobile autour d'un axe horizontal, soit parallèlement, soit perpendiculairement à cet axe :

Lorsqu'on expérimente sur un chien normal et que l'on imprime à la planche des mouvements d'inclinaison, lents ou brusques, il réagit par des mouvements appropriés, qu'il est très facile d'observer dans des inclinaisons lentes. Si on soumet à la même épreuve le chien auquel on a sectionné les deux VIIIes paires, les réactions normales ne se produisent plus, et il suffit d'un angle très faible d'inclinaison de la planche pour que l'animal roule et tombe sur le côté, s'il est placé parallèlement à l'axe de rotation, ou qu'il culbute, soit en avant, soit en arrière, s'il est placé perpendiculairement à cet axe, la tête étant du côté de l'inclinaison dans le premier cas, la queue de ce côté dans le second; à plus forte raison observe-t-on le même phénomène dans les inclinaisons plus brusques.

La même expérience, répétée plusieurs semaines après la section de l'acoustique, donne à peu près les mêmes résultats; dans les inclinaisons lentes, l'animal réagit un peu mieux, mais il n'est pas nécessaire d'incliner très fortement la planche pour qu'il roule ou culbute.

Ces expériences démontrent le rôle que joue l'appareil labyrinthique dans le maintien de l'équilibre pendant les déplacements passifs du corps.

Cette absence complète de réactions et le déplacement du corps en bloc diffère sensiblement des déplacements partiels, localisés à un ou deux membres, que nous avons signalés précédemment chez les chiens dont l'hémisphère cérébelleux a été partiellement détruit; mais ce sont des troubles du même ordre; et cette analogie souligne une fois de plus les rapports intimes qui existent entre l'appareil labyrinthique et le cervelet.

Chez les chiens privés de leur appareil labyrinthique, les réactions font défaut à la fois dans le tronc et dans les membres.

L'appareil labyrinthique est surtout en rapport avec le lobe médian, dans lequel siègent les centres de la musculature du tronc et de la tête ainsi que des mouvements synergiques des membres; l'absence totale de réaction, dans tout le corps, qui vient d'être mentionnée chez les animaux dont la VIIIᵉ paire est bilatéralement sectionnée, est due vraisemblablement en partie à la rupture des communications directes qui unissent le lobe médian et l'appareil labyrinthique.

La destruction de régions localisées de l'hémisphère cérébelleux est suivie du manque de réaction dans les membres correspondants et suivant un sens déterminé.

On peut supposer que, chez un chien normal, la réaction se produit dans chaque membre, parce que les excitations parties de la périphérie de l'appareil labyrinthique sont transmises pour chaque membre à tous les centres d'articulation, et pour chaque articulation à une *direction* déterminée; il n'est pas illogique de supposer encore que chaque appareil labyrinthique a vis-à-vis des centres de direction des deux membres homologues (supérieurs ou inférieurs) une influence inverse. D'ailleurs Ewald a démontré que chaque labyrinthe augmente le tonus des abducteurs du membre antérieur homolatéral et le tonus des adducteurs du membre controlatéral.

Chez le chien privé d'un centre cérébelleux la réaction manque dans le membre correspondant et dans la direction appropriée, parce que les communications anatomiques qui assurent les relations fonctionnelles entre l'appareil labyrinthique et la musculature sont interrompues au niveau de ce centre; mais les communications anatomiques qui unissent l'appareil labyrinthique et les hémisphères cérébelleux sont moins directes que celles qui unissent l'appareil labyrinthique et le lobe médian.

D'ailleurs, chez l'homme, les réactions nystagmiques des membres, signalées par Barany au cours de l'excitation vestibulaire, exigent aussi l'intégrité de l'appareil vestibulaire et des centres de direction des membres localisés dans l'hémisphère cérébelleux. La même question se pose pour l'homme comme pour les animaux : par quelles voies se transmet l'excitation labyrinthique jusqu'à l'hémisphère cérébelleux. Ces voies ne sont probablement qu'indirectes; on ne connaît pas l'existence de faisceaux reliant directement les noyaux centraux du nerf vestibulaire à l'écorce des hémisphères cérébelleux.

Il existe dans le pédoncule cérébral (cinquième externe environ) un faisceau qui prend ses origines dans l'écorce du segment moyen de la 2e et de la 3e circonvolutions temporales et dont les fibres se terminent dans le tiers supérieur de l'étage antérieur de la protubérance, autour des cellules du noyau pontique : c'est le faisceau de Türck. Le noyau pontique entre d'autre part en rapport avec l'hémisphère cérébelleux croisé par le pédoncule cérébelleux moyen. Il ne faut pas oublier que la région temporale où le faisceau de Türck prend ses origines n'est pas très éloignée du centre cortical de l'audition qui siège dans la partie postérieure de la 1re et de la 2e temporales; Horsley suppose que cette zone pourrait bien être un centre récepteur des impressions labyrinthiques. On entrevoit ainsi la série de relais que peuvent suivre les excitations labyrinthiques pour produire les réactions toniques des membres; mais cette digression ne mène encore qu'à une hypothèse et non à une démonstration.

RÉSUMÉ

Toutes les expériences précédentes concordent donc pour faire admettre l'existence de centres distincts dans les hémisphères cérébelleux pour le membre supérieur et pour le membre inférieur.

Ces centres, si on en juge par les effets de leur destruction, sont décomposables en centres secondaires correspondant à un segment de membre ou à une articulation, présidant à l'élaboration d'une fonction sthénique affectée à une *direction* déterminée (extension, flexion, abduction, adduction, rotation en dehors, rotation en dedans). Cette fonction est hyposthénique pour tels muscles et hypersthénique pour les muscles antagonistes.

La destruction de ces centres ne donne pas lieu à une paralysie, pas plus que les lésions cérébelleuses chez l'homme, mais à une *perturbation dans l'équilibre des muscles antagonistes*, à de *l'anisosthénie*. Ils ne nous paraissent entrer normalement en activité que dans des conditions qu'il est encore difficile de préciser, mais sur lesquelles les recherches de Barany d'une part, celles de Sherrington, de Magnüs et de Kleijn d'autre part sont susceptibles de jeter un certain jour.

Les expériences sur le plan mobile démontrent que ces centres sont susceptibles d'intervenir dans la stabilité des parties qu'ils commandent et pour certaines orientations, lorsque les conditions d'équilibre sont modifiées. Ils ont donc une fonction statotonique qui peut intervenir efficacement dans le maintien ou le rétablissement de l'équilibre.

Mais cette influence se fait sentir dans des actes dans lesquels l'équilibre est hors de cause.

Le centre affecté à une direction déterminée est normalement contrebalancé par le centre affecté à une direction inverse : le premier vient-il à disparaître, le second sera renforcé du même coup, non seulement par l'hyposthénie des muscles antagonistes, mais par l'hypersthénie des muscles préposés à cette dernière direction. Il y a à la fois disparition ou diminution d'un réflexe excitomoteur dans un certain sens et d'une action frénatrice en sens inverse.

Il est aisé de comprendre la répercussion que peut avoir un tel trouble sur les actes les plus délicats, et nous avons déjà fait entrevoir qu'il doit exister entre lui et la dysmétrie, l'adiadococinésie et les autres troubles moteurs qu'on observe chez les cérébelleux des liens très intimes : les considérations précédentes laissent même prévoir que ces troubles pourront être observés avec une localisation exclusive ou une prédominance marquée sur telle ou telle articulation.

Les désordres observés après la destruction de régions circonscrites de l'écorce cérébelleuse sont peut-être d'un mécanisme plus complexe. Les mouvements les plus simples sont en effet à l'état normal des résultats d'interventions multiples, dont la participation bien proportionnée dans le temps et dans l'espace assure une coordination parfaite.

Dans ce mécanisme, le cerveau est, chez l'homme surtout, le grand ordonnateur ; il faut faire néanmoins la part qui revient aux autres centres (immédiatement ou médiatement, c'est-à-dire dépendant de leur influence tonique ou sthénique adaptée à des fonctions définies) dans l'élaboration des actes ; et l'activité cérébrale leur est, dans une certaine mesure, subordonnée.

La fonction de l'un de ces centres vient-elle à disparaître ou à faiblir, il en résulte une perturbation qui est la conséquence non seulement de cet affaiblissement fonctionnel, mais encore d'une dysharmonie dans le complexus physiologique de la motilité.

Le cerveau supplée dans une certaine mesure le centre détruit ou affaibli, presque complètement si la lésion est minime, et c'est ce que nous voyons souvent en cas de lésion cérébelleuse chez l'homme ou l'animal; il n'en est plus de même, si la lésion est trop vaste, ou si momentanément l'activité cérébrale est déviée vers d'autres buts, la compensation devient insuffisante : les troubles reparaissent avec plus d'intensité, ce que nous démontre encore à la fois la pathologie humaine ou expérimentale.

L'animal qui a subi plusieurs lésions cérébelleuses compense moins bien chaque centre détruit, les troubles produits par la première lésion augmentent après la seconde. Avec la distraction, l'excitation, la peur, en un mot tout ce qui dérive ailleurs l'attention, reviennent momentanément chez l'animal des troubles qui paraissaient avoir complètement et définitivement disparu.

BIBLIOGRAPHIE [1]

ADAMKIEWICZ (A.). — 1° *Die wahren Centren der Bewegung.* (*Neur. Centralb.*, Jahrg. 23, n° 12, 1904); 2° *Der Doppelmotor im Gehirn* (*Neur. Centralb.*, Jahrg. 26, n° 15, 1907).

ANDRÉ-THOMAS. — 1° *Le Cervelet, étude anatomique, clinique et physiologique* (thèse de doctorat, Paris, 1897; Steinheil, éditeur); 2° *La Fonction cérébelleuse* (*Encyclopédie scientifique*, 1911; O. Doin, éditeur).

ANDRÉ-THOMAS et A. DURUPT. — 1° *Destruction particlle du cervelet chez le singe. Dysmétrie cérébelleuse. Essai de localisations cérébelleuses* (Société de neurologie, 12 décembre 1912 : *Revue neur.*, 1912, p. 777); 2° *Recherches expérimentales sur les fonctions cérébelleuses. Dysmétrie et Localisations* (*l'Encéphale*, n° 7, juillet 1913); 3° *Des troubles observés chez le chien et chez le singe à la suite de lésions limitées du Cervelet. Contribution à l'étude des localisations cérébelleuses* (Société de neurologie, 10 juillet 1913 : *Revue neurologique*, p. 111); 4° *Localisations cérébelleuses (Vérification anatomique)* (*Revue neurologique*, 30 décembre 1913).

ANDRÉ-THOMAS et Mlle KONONOVA. — *L'Atrophie croisée du cervelet chez l'adulte* (*Revue neurologique*, n° 5, 15 mars 1912).

BABINSKI (J.). — *Quelques documents relatifs à l'histoire des fonctions de l'appareil cérébelleux et de leurs perturbations* (*Revue mensuelle de médecine interne et de thérapeutique*, mai 1909).

BABINSKI (J.) et TOURNAY (A.). — *Les symptômes des maladies du cervelet et leur signification* (Congrès de Londres, août 1913).

BARANY (R.). — *Lokalisation in der Rinde der Kleinhirnhemisphären des Menschen* (*Wiener Klinische Wochenschrift*, n° 52, 26 décembre 1912).

---

1. Pour la Bibliographie jusqu'à 1911, voir : ANDRÉ-THOMAS, *la Fonction cérébelleuse* (*Encyclopédie scientifique*, 1911).

BARANY (R.) et WITTMAACK (K.). — *Funktionelle Prüfung des Vestibular-Apparates* (*Verhandlungen der Deutschen otologischen Gesellschaft auf der XX Versammlung in Frankfurt a. Main am 2 und 3 Juni 1911*).

BOLK. — *Das Cerebellum der Saügethiere;* Iena, 1906.

O. CHARNOCK BRADLEY. — *On the Development and Homology of the Mammalian cerebellar Fissures* (*Journ. of Anat. and Phys.*, vol. XXXVII).

A. COMOLLI. — *Il cervelletto dei Mammiferi e la sua divisione* (*Rivista mensile di Scienze naturali* « *Natura* », vol. I, p. 195-204; Pavia).

EDINGER (L.). — *Ueber die Einteilung des Cerebellums* (*Anatomischer Anzeiger, Centralblatt für die gesamte wissenschaftliche Anatomie*, XXXV. Band, nᵒˢ 13 et 14, 1909).

ELLIOT SMITH (cité par Bolk). — 1° *The Morphology of the human cerebellum* (*Review of Neurology and Psychiatry*, octobre 1903); 2° *Further observations on the natural mode of Subdivision of the Mammalian Cerebellum* (*Anat. Anz.*, Bul. XXIII).

EWALD (R.). — *Physiologische untersuchungen ueber das Endorgan des Nervus octavus*, Wiesbaden, 1892.

FERRIER (J.). — *Les Fonctions du cerveau*, traduit de l'anglais par de Varigny, 1878.

GOLDSTEIN KURT. — *Ueber Störungen der Schwerempfindung bei gleichseitiger Kleinhirnaffektion* (*Neurol. Centralb.*, 1ᵉʳ septembre 1913, n° 17).

HORSLEY et CLARKE. — *The structure and functions of the cerebellum examined by a new method* (*Brain*, part. CXXI, vol. XXXI, 1908).

HULSHOFF (POL). — *Cerebellar ataxie* (*Psych. en Neur. Bladen*, 1909, n° 4; referat in *Neur. Centr.*, n° 5, 1ᵉʳ mars 1910).

KATZENSTEIN et ROTHMANN. — *Zur Lokalisation der Kehlkopfinnervation in der Kleinhirnrinde* (Internationales Laryngo-Rhinologenkongresz in Berlin, von 30 August bis 2 Septembre 1911 : *Neur. Centr.*, 1911, p. 1146).

KONONOVA (Mˡˡᵉ). — *L'atrophie croisée du cervelet consécutive aux lésions cérébrales chez l'adulte* (thèse de doctorat, Paris, 1912.

LEWANDOWSKY. — 1° *Ueber die Verrichtungen des Kleinhirns* (*Arch. f. Physiol.*, 1903, S. 129); 2° *Die Funktionen des centralen Nervensystems* (Jena, Verlag von Gustav Fischer, 1907).

LOTMAR (E.). — *Ein Beitrag zur Pathologie des Kleinhirns* (*Monatsschr. f. Psychiatrie u. Neurologie*, Bd. XXIV, 43).

LOURIÉ. — *Ueber Reizungen des Kleinhirns* (*Neurologisches Centralblatt*, Leipzig, 1907, XXVI, 652, 662).

LÖWY (R.) (cité par Van Rynberk). — *Zur Lokalisation im Kleinhirn* (*Neur. Centralblatt*, Jahrg. 30, n° 4, 1911).

LUCIANI. — *Il cervelletto. Nuovi studi di fisiologia normale e pathologica*, Firenze, 1891.

LUNA. — *Contributi sperimentale alla conoscenza delle vie di proiezione del cerveletto* (*Ricerche fatte nel Laboratorio di anatomia normale della R. Universita di Roma ed in altri Laboratori bioligici*). Vol. XIII, fasc. 3-4, 1907.

LUSSANA. — *Physiopathologie du cervelet* (*Arch. ital. de biologie*, VII, p. 145-157; 1886).

MAAS (Otto). — *Störung der Schwerempfindung bei Kleinhirnerkrankung* (*Neur. Centralbl.*, 1913, n° 7, p. 405).

MAGNÜS (R.) et DE KLEIJN (A.). — *Die Abhängigkeit des Tonus der Extremitäten, muskeln von der kopfstellung* (*Pflügers Archiv für Physiologie*, Band, 145, 1912).

MARASSINI. — *Sopra gli effetti delle hemilezioni parziali del cervelletto* (*Arch. di Fisiol.*, Firenze, 1904-1905, II, 327-336).

MUNK. — *Ueber die Funktionen des Kleinhirns* (*Sitzungsberichte der Königl. preussischen Academie der Wissenschaften*, 1906, p. 443-480; 1907, t. I, p. 16-32).

NEGRO et ROASENDA. — *Résultats des expériences sur l'excitabilité du cervelet aux courants électriques unipolaires* (*Archivio di Psichiatria, Neurol. Anthrop. crim. e Med. leg.*, vol. XXVII, fasc. 1-2, p. 125; 1907).

NEUBURGER et EDINGER. — *Einseitiger fast totaler Mangel des Cerebellums* (*Berlin. Klin. Wochenschr.*, n° 4, 1898).

NOTHNAGEL. — 1° *Zur Physiologie des Cerebellums* (*Centralblatt für die medicinische Wissenschaften*, 1876); 2° *Ueber Latenz von Kleinhirnerkrankungen und ueber cerebellare Ataxie* (*Berliner Klinische Wochenschrift*, 1878).

PAGANO. — *Etudes sur la fonction du Cervelet* (*Arch. ital. de biologie*, Turin, 1902-03, XXXVII, 299-308).

Prüss. — *Ueber die Lokalisation der motorischen Centren in der Kleinhirnrinde (Polinsches Archiv f. biolog. u. medicin. Wissenschaften, I,
1901 ; referat in Neurologisches Centralblatt, 1903, p. 268).*

Risien Russell (J.-S.). — *Experimental researches into the functions of
the cerebellum (Philos. Transact. of the R. S. of London, vol. CLXXXV,
part. B. 819-861 ; 1895).*

Rothmann. — *1° Démonstration zur Lokalisation im Kleinhirn des Affen*
(Berliner Gesellschaft für Psychiatrie and Nervekrankheiten, Sit-
zung von 14 Marz 1910) ; *2° Zur Kleinhirnlokalisation (Berliner klinische Wochenschrift*, 24 février 1913) ; *3° The symptoms of cerebellar
disease and their significance* (Congrès de Londres, août 1913).

Stewart (Q.) et Holmes (Q.). — *Symptomatology of cerebellar Tumours ;
a study of forty cases (Brain, XXVII, 522 ; 1904).*

Van Rynberk. — *1° Tentative di localizzazioni funzionali nel cervelletto
(Arch. de Fisiol.*, Firenze, 1903-1904, 1904-1905) ; *2° Die neueren Beiträge zur Anatomie und Physiologie des Kleinhirns der Saüger (Folia
neurologica*, Leipzig, 1907, I, p. 46 62 ; 1908, I, p. 403-535) ; *3° Wei-
tere Beiträge zum Lokalisationsproblem im Kleinhirn (Folia neuro-bio-
logica*, 1912, Band VI, Sommer-Ergänzungs-Heft).

Schiff. — *Ueber die Funktionen des Kleinhirns (Recueil des mémoires
physiologiques*, vol. III, 1896).

Sherrington (C.-S.). — *On plastic tonus and proprioceptive reflexes (Quart.
Journ. of exper. Physiol.*, vol. II, p. 109 ; 1909).

Vincenzoni (G.). — *Recherches expérimentales sur les localisations fonctionnelles dans le cervelet de la brebis (Archives italiennes de Biologie*,
1908, t. XLIX, fasc. III).

Wersiloff. — *Ueber die Funktionen des Kleinhirns* (Gesellsch. d. Neurol.
und Irrenarzte in Moskau, 27 noi. 1898 ; *Neur. Centralblatt*, XVIII,
1899).

TABLE DES MATIÈRES

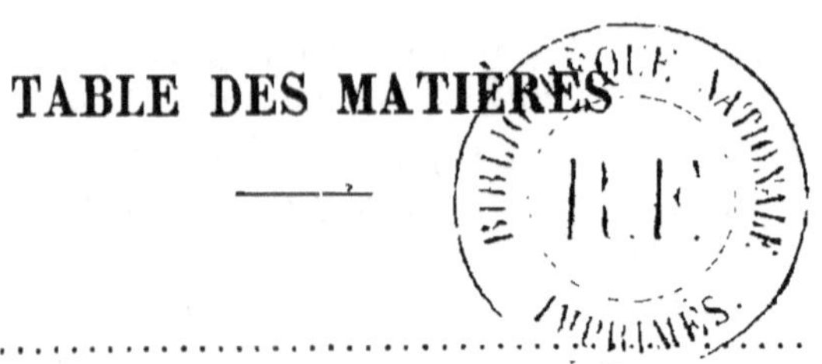

DEUXIÈME PARTIE

RECHERCHES EXPÉRIMENTALES TECHNIQUE

CHAPITRE I

RECHERCHES EXPÉRIMENTALES SUR LE CHIEN

CHAPITRE II

RECHERCHES EXPÉRIMENTALES SUR LE SINGE

TROISIÈME PARTIE

DÉDUCTIONS TIRÉES DE L'EXPÉRIMENTATION

CHAPITRE I

RÉSUMÉ DES EXPÉRIENCES. — INTERPRÉTATION DES RÉSULTATS LOCALISATIONS CÉRÉBELLEUSES

CHAPITRE II

RELATIONS ENTRE LES DONNÉES
DE LA PHYSIOLOGIE EXPÉRIMENTALE ET CELLES DE LA CLINIQUE

CHAPITRE III

TOURS

IMPRIMERIE DESLIS FRÈRES ET Cie

6, rue Gambetta, 6

Vigot Frères

Éditeurs

Extrait du

Catalogue Général

PARIS

23, PLACE DE L'ÉCOLE-DE-MÉDECINE

"1914"

TRAITÉ

DE

THÉRAPEUTIQUE PRATIQUE

Publié sous la direction de

ALBERT ROBIN

PROFESSEUR DE CLINIQUE THÉRAPEUTIQUE A LA FACULTÉ DE MÉDECINE DE PARIS
MEMBRE DE L'ACADÉMIE DE MÉDECINE
MÉDECIN DE L'HOPITAL BEAUJON

AVEC LA COLLABORATION DE 146 PROFESSEURS, AGRÉGÉS ET MÉDECINS DES HOPITAUX

SECRÉTAIRE DE LA RÉDACTION : **P. ÉMILE WEIL**, Médecin des hôpitaux

DIVISION DE L'OUVRAGE :

TOME   I. Maladies de l'appareil respiratoire et circulatoire, Maladies du sang et des organes hématopoiétiques, Glandes vasculaires sanguines.

TOME   II. Maladies de l'appareil digestif, Foie, Pancréas, Reins.

TOME III. Diathèses, Intoxications, Maladies infectieuses.

TOME IV. Maladies du système nerveux, Névroses, Maladies mentales.

TOME   V. Maladies du nez, du larynx, des oreilles, des yeux, des dents, de l'appareil génital de la femme, des organes génito-urinaires de l'homme, de la peau, Maladies vénériennes.

Prix de l'ouvrage complet, **CINQ FORTS VOLUMES** in-8° raisin :

Broché. . . . .   **90** fr.
Relié. . . . .   **100** fr.

Chaque volume séparément : broché, **18** fr. ; relié, **20** fr.